金牌達人 蔬果雕刻藝術

世界大会金メダリストによる野菜と果物の彫刻芸術
一付属中華料理飾り切り技法

柯明宗 著

五南圖書出版公司 印行

名人推薦序

Foreword

柯 明宗氏の現在の輝かしい戦歴は努力なしでは語る事はできないと思います日々の鍛錬、努力の結晶です。

指導者としても素晴らしく、学生と寝食を共にし、多くの金メダルを獲得させ、優秀な人材を育成しております。

柯 明宗氏の指導がわかります野菜中国彫刻書籍は野菜中国彫刻の基本テキストとして中国料理業界の方々にもとても活用できる内容であります。

是非中国料理人に技術を学び、役立ててほいしと思います。

中国料理業界全体の発展を願います。

新中国菜研究会 FC 倶楽部会長

川村 進

名人推薦序

Foreword

柯 明宗先生は中国彫刻の芸術家、優れた指導者として日本でも広く知られております。

親日でもあり、福島県の復興施設に復興の願いを込めて『麒麟』の彫刻作品の提供や東京での催事で中国彫刻の技術指導や作品展などでも活躍されております。

中国彫刻は高度な技術を必要とする為に基礎はとても大切で、練習なしでは技術向上は難しいものです。

この道の第一人者であります柯 明宗先生の出版されました書籍は野菜中国彫刻の基本テキストとしてとても解りやすく解説されております。

基礎を習得しますのにとても役立つ書籍です。

日本の中国彫刻を始める方から熟練者まで幅広く愛用される書籍でしょう。

中国料理業界全体の発展を願います。

カービングアトリエ SHIRAKI 主宰

白木ユミ子

名人推薦序

Foreword

談到蔬果雕刻藝術，在我入行時，這項技術就已經是餐飲界不可或缺的一項技能了，十多年前一次偶然的機會與柯老師相識，之後深度了解到他無師自通的蔬果雕刻技術，可以說是臺灣的前路者，他的精神、堅持以及努力，都呈現在他所創作的每一件作品上，進而影響了我，使我在料理與刀工藝術上更懂得如何結合再起，創造更完美的精緻美食。

現代人注重服務態度與品質，所以在美味餐點上展現出的刀工技巧，不僅讓顧客感受到溫馨，更是視覺上的享受。

果雕藝術大師柯明宗老師知道每一個人無法突破的盲點在哪裡，並且很有見地的指導大家來突破這些問題點，在他的果雕藝術精神裡，我看到對食品藝術的美好未來。

在這本書裡，用一刀一步驟的圖片搭配淺顯易懂的文字敘述，使讀者更容易理解下刀步驟，以傳承為理念，希望教育出更多優秀的刀工藝術家。

李青洋

現任
嘉義留園精緻料理　廚藝總監
嘉義市美食協會　秘書長
嘉義市廚師職業工會　理事

榮譽獲獎
臺灣 101 名廚大賞
法國藍帶騎士獎
上海食神爭霸賽　金牌獎
亞洲廚藝競賽　金鑽獎

名人推薦序

Foreword

蔬果雕刻藝術在現今的餐飲業界可以說是一項獨門的技術，在國內這項技藝的傳承者並不多見。

柯明宗老師在十幾年前偶然因好奇而產生興趣便開始自學鑽研果雕藝術，也因愛好攝影及憑著大量閱讀，開始了自學蔬果雕刻技藝之路，躍升成為五星級飯店的蔬果雕刻師傅，之後更陸續參與了多項國際廚藝競賽並獲得優異成績。

本書內容完整，理論與實務並重，是蔬果雕刻學習者的最佳寶典。柯明宗老師除了傳承臺灣飲食文化，更期許有越來越多年輕世代加入，一起發揮創意，讓臺灣美食文化有更寬廣的發展空間，並能一直傳承下去。

柯明宗老師用蔬果雕刻藝術揚名全世界，讓世界看見臺灣。

洪毓茂

現任
麗晶食藝工坊 執行長
嘉義市廚師職業工會理事

名人推薦序

Foreword

蔬果雕刻是技術也是藝術，在我對料理的認知裡，蔬果雕刻是豐富美食的必備條件，它可以增加美食佳餚的視覺享受，具有畫龍點睛的效益，讓人們在享用美食的同時，能藉由視覺的享受來增添食慾。

蔬果雕刻這門技術需要付出大量時間，不斷練習，才能熟練地使蔬果雕刻作品呈現出活靈活現的百態，因此我誠摯地推薦此書，希望促使更多學子來學習蔬果雕刻技藝。

在這本書籍裡面，柯明宗老師用心設計與整理多元的蔬果雕刻技巧，同時以大量的圖片，搭配簡單易懂的說明文字，讓讀者做中學、學中做，希望讓熱愛蔬果雕刻的大家，能快樂輕鬆地學習每個步驟，藉此啟蒙更多的青年學子，教育出更多國際競賽的金牌。

張晉華

現任
嘉義金牌川菜料理　廚藝總監
嘉義市美食交流協會　副秘書長

媒體報導
年度入選臺灣高鐵嘉義十大美食料理
食尚玩家專訪

作者自序

Preface

傳統的蔬果雕刻藝術裝飾美化技法，在國內餐飲業一直具有畫龍點睛的地位，不過，在菜餚裝飾技法不斷創新的今天，傳統的蔬果雕刻藝術技法想要保持原有的地位就必須要不斷地求新求變。

蔬果雕刻藝術講求的是更貼近美食的本質，增強蔬菜水果雕刻裝飾的實用性，完美地將菜餚和蔬果雕刻作品結合起來，使之成為一場視覺與味覺雙倍享受的美食饗宴。

此書特別編輯了臺灣水果雕刻技法，呈現出其獨特、創新且多元的食雕藝術潮流。

衷心希望臺灣餐飲的蔬果雕刻藝術技能更完美地傳承下去，在此還要感謝一直支持以及幫助柯明宗的所有朋友們，我會繼續為臺灣蔬果雕刻藝術而努力，並呈現出更多更優質的作品給大家。

作者簡歷

作者：柯明宗

現任：
環球科技大學（觀光與餐飲旅館系－專技副教授）

證照：
世界廚師協會授證 B 級國際賽事評審資格證書
中餐專業技術士證－丙級（葷食）
中餐專業技術士證－乙級（葷食）

評審經歷：
2012 臺灣西瓜節－果雕競賽評審
2012 南投縣花卉博覽會－蔬果雕競賽評審
2013 新北市神形雕手－全國蔬果雕技能競賽評審
2014 新北市神形雕手－全國蔬果雕技能競賽評審
2015 新北市神形雕手－全國蔬果雕技能競賽評審
2015 六協盃刀工藝術－蔬果雕技能競賽評審
2016 TACA 臺灣國際美食節挑戰賽－藝術類蔬果雕競賽 C 級賽事評審
2017 FHM 馬來西亞吉隆坡國際廚藝挑戰賽－藝術類蔬果雕刻 B 級賽事評審
2018 TACA 臺灣國際美食節挑戰賽－藝術類蔬果雕競賽 C 級賽事評審
2020 德國 IKA 奧林匹克世界廚藝競賽－藝術類蔬果雕刻評審

榮譽聘任：
2008 臺灣福爾摩沙美食協會－常務理事
2010 嘉義市美食交流協會－常務理事
2015 日本東京蔬菜雕刻事務所－中華蔬菜雕刻教學講師

國際競賽得獎紀錄：
2004 新加坡 FHA 亞洲旅館國際廚藝競賽－蔬果雕刻現場銀牌
2004 中國上海第六屆國際藝術烹飪大賽－蔬果雕刻展示金牌
2005 香港國際美食大獎－蔬果雕展示金牌
2006 新加坡 FHA 亞洲旅館國際廚藝競－蔬果雕刻展示金牌
2007 泰國國際廚師聚賞－蔬果雕刻組展示、現場競賽金牌　最高得分－金廚獎
2007 香港國際美食大獎－蔬果雕組展示競賽金牌
2007 第一屆臺北廚王爭霸賽－蔬果雕組展示、現場雙料冠軍
2008 新加坡 FHA 亞洲國際廚藝競賽－大會指定南瓜現場銀牌（本屆金牌從缺）
2008 高雄縣世界素食烹飪大賽－蔬果雕組金牌
2009 第十一屆上海國際 FHC 烹飪藝術大賽－芋頭現場銀牌（本屆金牌從缺）
2009 臺灣豬肉創意料理美食大賽－果然好豬味北區冠軍
2009 臺灣豬肉創意料理美食大賽－果然好豬味總決賽冠軍
2011 第三屆臺北國際廚王爭霸大賽－蔬果雕組展示、現場總冠軍
2012 韓國世界廚師大會廚藝競賽－藝術類蔬果雕展示組金牌
2012 德國 IKA 奧林匹克廚藝競賽－D1 藝術類蔬果雕展示組金牌
2012 德國 IKA 奧林匹克廚藝競賽－D2 藝術類蔬果雕現場組金牌
2012 德國 IKA 奧林匹克廚藝競賽－D2 藝術類蔬果雕現場組金牌
（此項榮獲大會最高分－超級金牌及奧林匹克 2012 最大贏家獎）
2012 FHC 上海國際烹飪藝術競賽－蔬果雕展示組金牌
2013 香港國際美食大獎－蔬果雕刻展示競賽滿分超金牌
2014 泰國 CHEF 國際廚藝挑戰賽競賽－個人現場競賽金牌
2015 香港國際美食大獎－蔬果雕刻展示競賽金牌
2015 馬來西亞 FHM 吉隆坡國際廚藝競賽－現場 90 分指定競賽金牌
（此項榮獲現場雕刻金牌最高分及最高榮譽水晶獎座）
2016 新加坡 FHA 國際廚藝沙龍競賽－藝術類蔬果雕刻展示競賽金牌
2016 德國 IKA 奧林匹克廚藝競賽－藝術類蔬果雕刻個人賽事 2 銀 1 銅
2017 日本名古屋國際果雕刻大賽－現場蔬果雕刻 16 小時競賽銀牌
2018 盧森堡世界盃國際廚藝競賽－藝術類蔬果雕刻個人賽事 2 金 2 銀

CONTENTS 目錄

蔬果雕刻材料與工具介紹

最新中餐丙級考照

CHAPTER 3

初級蔬菜雕刻應用教學

CHAPTER 4

中級蔬菜雕刻應用教學

CHAPTER 5

高級蔬菜雕刻應用教學

課後自學

創意蔬果雕刻

CHAPTER 1

蔬果雕刻材料與工具介紹

蔬果的選材技巧

在眾多的蔬果中，哪些種類的蔬果適合用在蔬果雕刻上？又該如何挑選品質優良的蔬果？是製作完美蔬果雕刻作品的第一課題。

小番茄
盛產季節：11 月～3 月

特性：

小番茄喜愛冷涼的氣溫，種植時需有充足的陽光、乾燥的氣候，開花時，會順著植株由下往上開花，果實由綠轉黃再轉成淡紅，再轉成鮮紅時即為成熟。番茄具有多數細小的種子，其外果皮極薄，中果皮和內果皮柔軟且含有大量水分，是小番茄的典型特徵。

如何分辨品質：

觸摸時注意果實是否結實完整，外觀上不宜有黑點。

西瓜
盛產季節：5 月～6 月

特性：

西瓜夏日開單性花，黃色花冠，雌雄同株。果實在盛夏時成熟，形狀為圓形或橢圓形，外皮呈深綠色或淡綠色，果肉或紅、或黃，子則有黑、有白、也有赤，水分占百分之九十四，為夏天最便宜最有水分的水果。

如何分辨品質：

接觸時外皮是否有軟爛狀況，通常西瓜撞傷會有窩軟狀，觀察蒂頭處若有乾燥現象，就表示西瓜放置太久，新鮮度不足。

鳳梨
盛產季節：4 月～5 月

特性：

鳳梨的葉面表面呈現綠色且稍帶紅色，葉緣有刺，果實呈圓筒形或短圓形，果皮薄，果肉為淺黃色且肉質緻密，幾無纖維，汁多，果心稍大，很適合果雕使用。

如何分辨品質：

當鳳梨過熟而產生黑點時，則不宜用於蔬果雕刻。

火龍果

盛產季節：5 月～10 月

特性：

臺灣的火龍果以 5～6 月及 9～10 月的品質最好，火龍果外形似火焰狀，果葉微綠，表皮紅色，果肉有紅色及白色兩種。

如何分辨品質：

觀察果實外觀是否有脫水狀況，如果有乾皮、局部軟爛有黑點等現象，則不宜食用及用來製作果雕。

蘋果

盛產季節：8 月～12 月

特性：

蘋果的果實是由子房和花托發育而成，其中子房發育成果心，花托發育成果肉，胚發育成種子。果實體積的顏色通常會有紅色與青色居多，在水果雕刻的選材上，蘋果常是首選素材。

如何分辨品質：

蘋果挑選時，應注意是否有撞傷，通常除了綠色蘋果比較容易發現劣質品，而在挑選紅色蘋果時，則需要仔細觀察。

奇異果

盛產季節：4 月～12 月

特性：

綠色奇異果外皮有細密的絨毛，內有鮮綠色的果肉、白色的果心以及芝麻般的黑色種子，奇異果富有豐富的維他命 C，一顆奇異果的含量幾乎滿足一日所需。

如何分辨品質：

挑選奇異果時，應注意果實外觀是否撞傷，是否有凹陷軟爛的現象，也不要挑選肉軟過熟的奇異果。

柳丁

盛產季節：10 月～12 月

特性：

臺灣柳丁產區集中在臺南、嘉義、雲林、南投等中南部地區，在冬季柳丁成熟期間，臺灣南部天氣還是很熱，其葉綠素無法順利分解，所以市場上會只供應青皮柳丁，等到天氣真正轉涼，柳丁才會變黃。

如何分辨品質：

挑選柳丁時應注意外觀是否有蟲害造成的黑點，或是因放置過久而有脫水的現象，就不適合選用。

哈密瓜

盛產季節：11 月～隔年 5 月

特性：

哈密瓜外觀呈綠皮網狀，果肉有綠肉及黃肉兩種，為防止蟲害問題，目前市面上的哈密瓜通常都是網室栽種收成，所以在購買很容易挑選。

如何分辨品質：

挑選哈密瓜時，要注意紋路是否開展，而哈密瓜「臍」的部分（即蒂頭的另一端）要可以壓得下去才表示熟透，但過於熟透之哈密瓜並不適合果雕製作，所以注意 T 型瓜蒂是否是乾燥的，如果 T 型的蒂頭越乾燥表示越熟成，故挑選瓜蒂需含有飽滿的水分，哈密瓜才是最好的果雕素材。

蓮霧

盛產季節：11 月～隔年 5 月

特性：

臺灣的蓮霧以屏東縣為最大的產區，雖然蓮霧的產期在自然狀況下，主要集中於夏季，但經過臺灣特殊的產期調節技術，目前幾乎全年都吃得到美味又多汁的蓮霧；因蓮霧色澤鮮紅，所以也是常被選用果雕的素材。

如何分辨品質：

挑選蓮霧時，應注意蒂頭是否裂開，果皮是否有黑點與撞傷，若有以上狀況，就不宜選做果雕素材。

南瓜

盛產季節：3 月～10 月

特性：

南瓜適合栽種於冷溫氣候環境之中；臺灣南瓜屬於綠皮金黃色肉質，在蔬果雕上的製作上，可以呈現出明顯的色彩對比，因為肉質比較硬，在果雕的刀工運用上，很被專業師傅所喜愛。

如何分辨品質：

南瓜的品質好壞很好分辨，通常只要表皮不要有擦傷，其他部分就沒有什麼問題了。

苦瓜

盛產季節：5 月～11 月

特性：

苦瓜品種很多，通常會依照果實的顏色及果實類型的差異做區分，苦瓜大約區分成白苦瓜、綠苦瓜以及山苦瓜三類；苦瓜外表上一顆一顆的顆粒，越飽滿光滑就代表苦瓜品質越佳；在蔬果雕刻的選材上，苦瓜因瓜身表面的凹凸不平整，常用在製作有醜陋外皮的動物。

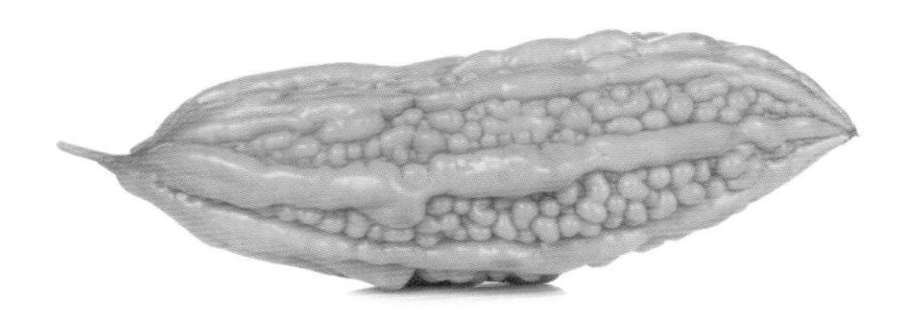

如何分辨品質：

在市場挑選苦瓜時，若是看到苦瓜是用海棉網套著，要注意的是否有撞傷，若是外表出現橘黃色澤，就表示苦瓜因為過高溫度而造成熟透軟爛，這樣的苦瓜不適合使用在蔬果雕刻上。

小黃瓜

盛產季節：全年

特性：

棚架式栽種的小黃瓜特別怕蜜蜂，因為蜜蜂會在小黃瓜開花時來採蜜，同時也會在幼瓜上叮上一針，只要被蜜蜂叮上的部位會結硬塊，呈現黃褐色；品質優良的小黃瓜瓜身應該是美麗的青翠色，運用在蔬果雕刻與盤飾刀工上是很好的素材。

如何分辨品質：

在挑選小黃瓜時須注意瓜身上是否有黃褐色的斑點，再以手觸摸檢查是否有硬塊，另外有撞傷潰爛的也不宜選購。

大黃瓜

盛產季節：3 月～11 月

特性：

大黃瓜有兩種，一種是青皮青肉，這種果肉略帶淡綠色、肉質緊密、口感略帶嚼勁，另一種青皮白肉，果肉是呈白色，水分含量較高、口感較鬆軟。製作蔬果雕刻時，通常會選擇青皮白肉的大黃瓜來作為素材。

如何分辨品質：

挑選大黃瓜要注意瓜身是否有撞傷破皮現象，通常比較常遇到撞傷潰爛、水傷軟爛等狀況，就不宜選購。

瓠瓜

盛產季節：全年

特性：

瓠瓜也就是葫蘆，幼嫩時期可烹煮食用，老化後外殼會木質化，內層會變中空，可作為容器、水瓢或兒童玩具，也可藥用；瓠瓜的質地也很適合蔬果雕刻．特別是瓜皮有特殊素材的水花狀，在展現動物類刀工時，是很好的選擇。

如何分辨品質：

瓠瓜挑選上很好分辨，須注意不要選用有撞傷、潰爛或是放置過久蒂頭有乾枯等現象即可。

辣椒

盛產季節：12 月～隔年 6 月

特性：

辣椒是飲食文化中相當普遍的食材，通常成圓錐形或長圓形；未成熟時呈綠色，成熟後變成絳色、鮮紅色、黃色、紫色和紅色，其中又以紅色最為常見。因為有鮮紅的顏色，經過刀工處理及泡水後，就會變成美麗的小花，很適合盤飾製作，是蔬果雕刻師傅的最好選擇。

如何分辨品質：

辣椒屬於刺激性植物，比較無蟲害問題，所以挑選材料多注意是否有撞傷軟爛，或是放置過久而脫水，則不宜使用。

甜椒

盛產季節：10 月～隔年 5 月

特性：

青椒是甜椒的幼果期，而甜椒成熟後，果色會由綠色轉變為紅色或黃色、橙色、巧克力色、橘紅色等多種色彩，因此又被稱為「彩色甜椒」，因為甜椒果色多彩，所以在蔬果雕刻上是很容易選用的素材。

如何分辨品質：

挑選甜椒時要注意是否有撞傷、潰爛，蒂頭處是否有乾枯、邊緣是否有軟爛等現象，就不適合選用。

芋頭

盛產季節：8 月～隔年 4 月

特性：

芋頭適應環境的生長能力強、病蟲害少、栽培容易，所以產量也很穩定。芋頭可說是蔬果雕刻材料中的極品，用來展現刀工技巧時，是非常好發揮的素材，通常都會用來雕刻動物類、神獸類、人物類以及植物花卉類等，而且芋頭雕刻後的保存容易，若是透過專業方式保存，時間更可長達 12 個月以上。

如何分辨品質：

芋頭挑選時有兩點要注意，一是在觸摸時，檢查是否有因蟲蛀而產生凹窟狀況；二是觀察芋頭是否有放置過久，而產生的乾枯脫水的狀況，就不適合選用。

白、紅蘿蔔

盛產季節：12 月～隔年 4 月

特性：

蘿蔔為深根性的作物，成熟時須適時的採收，否則容易空心，影響品質。蘿蔔在蔬果雕刻是很好發揮的素材之一，因為可供雕刻的面積廣，能讓刀工的運用更為深入，很適合做動物類、神獸類，在各項蔬果雕刻競賽上，是常被選用的素材，在保存上也很容易。

如何分辨品質：

蘿蔔取得容易，價格上也比較低廉，所以常用來作初級的刀工練習；蘿蔔會因高溫悶熱而變得軟爛，故在選購上要多加注意。

地瓜

盛產季節：全年

特性：

地瓜的品種很多，除了瓜肉的顏色不盡相同外，質地差不多都是一樣的；地瓜瓜肉脆硬、顏色單一鮮豔，在製作蔬果雕刻上讓人愛不釋手，因為地瓜能在立體雕刻有很大的發揮，通常會運用在雕刻動物類、神獸類以及人物類，呈現出來的刀工線條細膩、明顯，是蔬果雕刻競賽的好素材，也常被選用為立體雕刻盤飾，且易保存。

如何分辨品質：

地瓜是很容易買的到的食材，挑選優良的地瓜時只注意不要有脫水、潰爛的狀況即可。

認識蔬果雕刻工具

開始蔬果雕刻前，除了了解適合雕刻的蔬果外，雕刻工具也是很重要的一個環節，用對工具才能讓蔬果雕刻事半功倍。

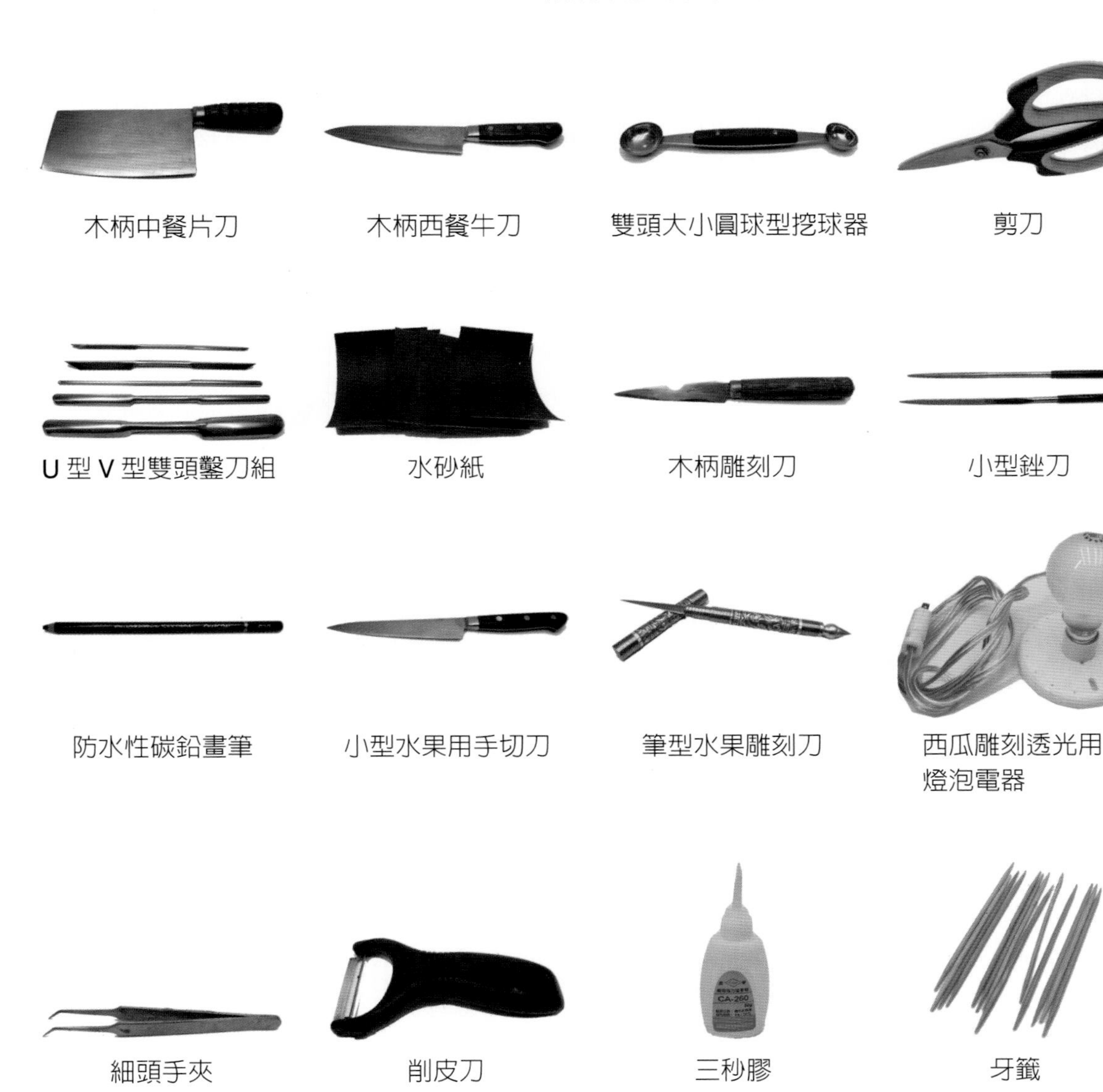

木柄中餐片刀　木柄西餐牛刀　雙頭大小圓球型挖球器　剪刀

U 型 V 型雙頭鑿刀組　水砂紙　木柄雕刻刀　小型銼刀

防水性碳鉛畫筆　小型水果用手切刀　筆型水果雕刻刀　西瓜雕刻透光用燈泡電器

細頭手夾　削皮刀　三秒膠　牙籤

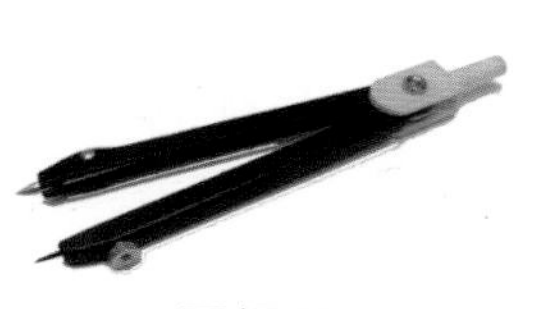

圓規器

噴水容器罐

磨刀石

棉布手套

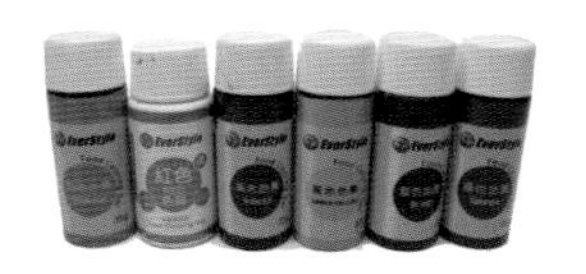
食用色素膏

水彩筆

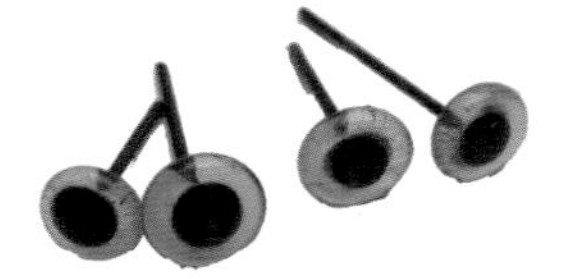
假動物眼睛

冷藏泡水保存用收納盒

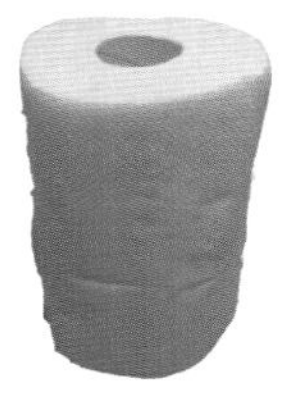
廚房餐巾紙

明礬粉（保存使用）

雕刻運刀手法

正確的握刀姿勢與運刀手法，才能在蔬果雕刻時，輕鬆且精準的掌握每一個欲展現的線條。

中餐片刀握法

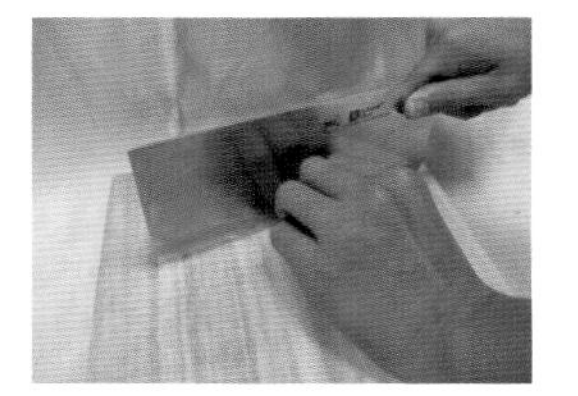
中餐片刀切法

西餐牛刀握法

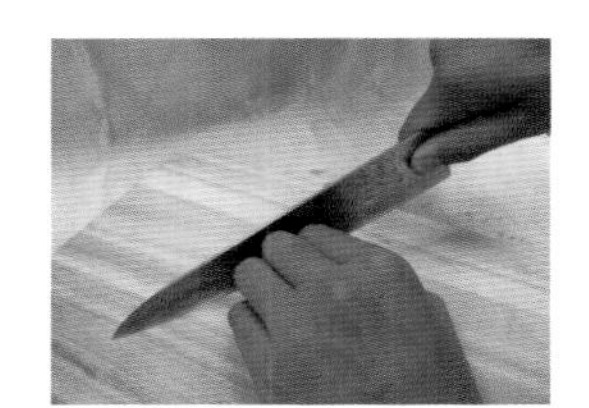
西餐牛刀切法

雕刻刀握法

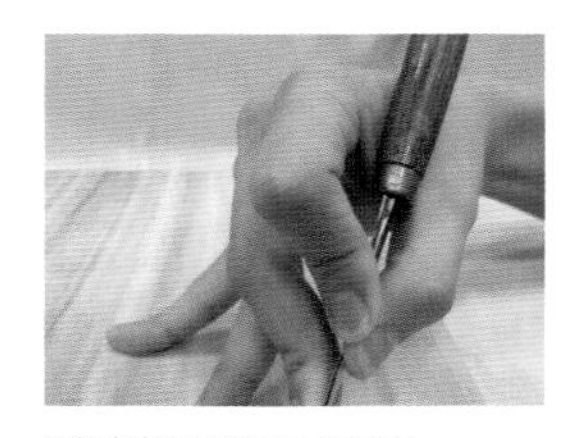
雕刻刀運刀握法

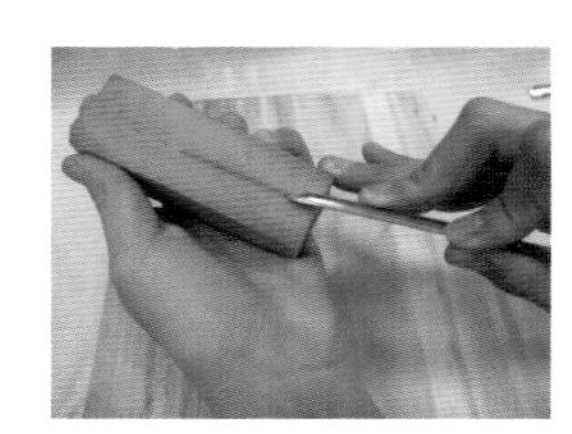
V 形鑿刀使用直線方法

U 形鑿刀魚麟直立式下刀方法

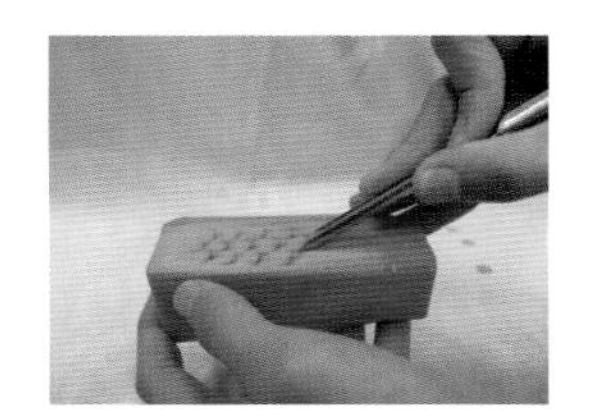
U 形鑿刀魚麟斜角式下刀方法

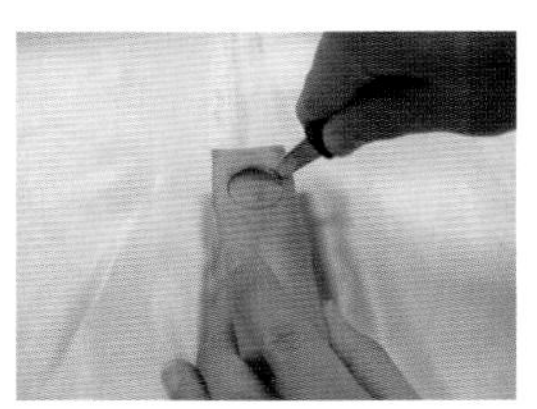
圓球形挖球器下刀方法

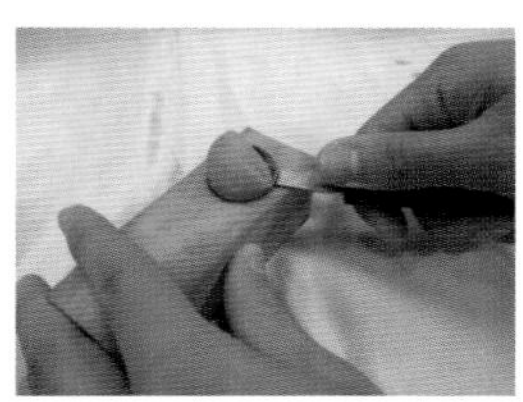
圓球形挖球器取出圓球方法

工具保養方法

「工欲善其事，必先利其器」保養好雕刻工具，才能在每一次的蔬果雕刻製作上，有超品質的表現。

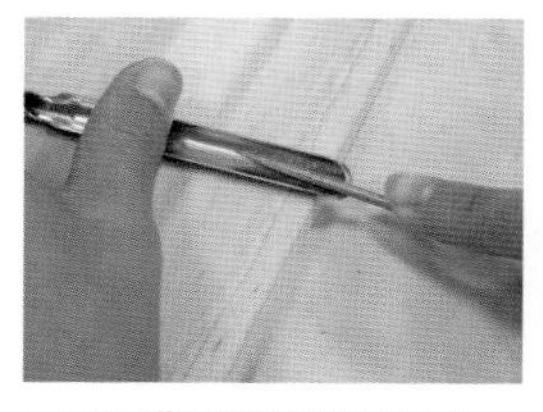

U 形槽刀保養方式：使用小型銼刀將裡面刀刃處來回戳磨至平整鋒利。

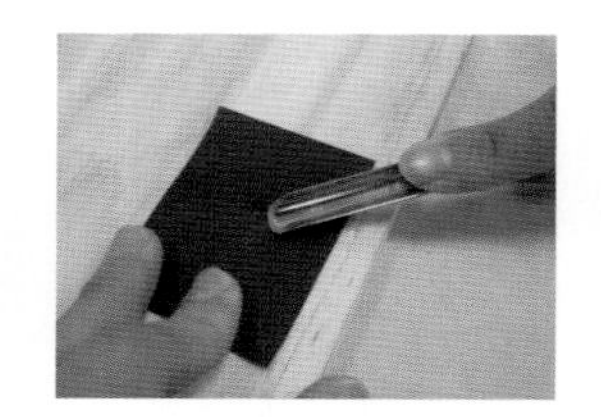

U 形槽刀外面保養方式：使用水砂紙（係數 800 ～ 1000）潑水後，來回研磨至平整鋒利。

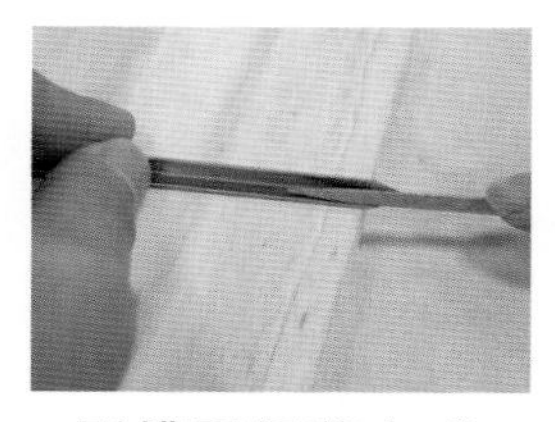

V 形槽刀保養方式：使用三角形小型銼刀將裡面刀刃處來回戳磨至平整鋒利。

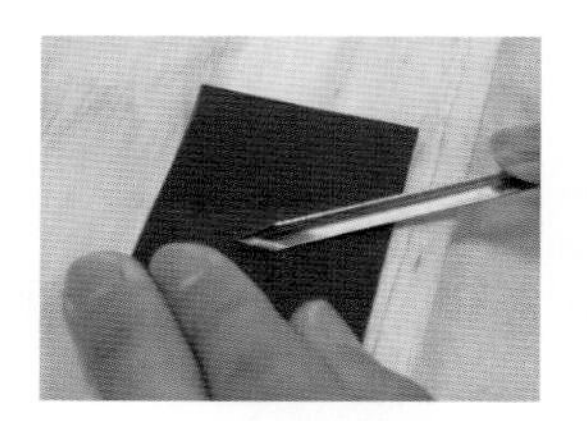

V 形槽刀外面保養方式：使用水砂紙（係數 800 ～ 1000）潑水後，來回雙面邊刀刃研磨至平整鋒利。

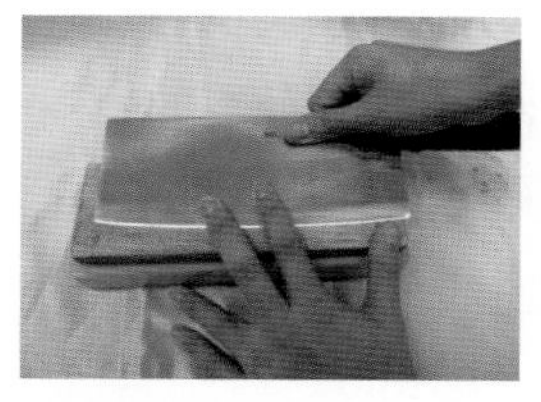

中餐片刀保養方式：使用磨刀石（係數 800 ～ 1000）潑水後，利用手腕力量平均次數來回研磨至平整鋒利，磨刀石要不時潑水保持溼潤。

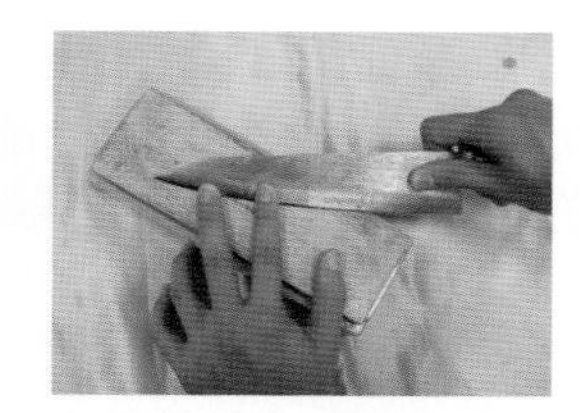

西餐牛刀保養方式：使用磨刀石（係數 800 ～ 1000）潑水後，利用手腕力量平均次數來回研磨至平整鋒利，磨刀石要不時潑水保持溼潤。

雕刻刀保養方式：使用磨刀石（係數 800 ～ 1000）潑水後，利用手腕力量平均次數來回研磨至平整鋒利，磨刀石要不時潑水保持溼潤，可以單手（拇指一食指）施壓力動作較順暢。

雕刻成品保存方法

雕刻完成的作品，必須要用適當的方式加以保存，才能避免作品過早腐敗。

根莖類雕刻成品保存方法：泡水冷藏，以 8 ～ 13 度的低溫保存，在保存盒內加入適量的水，水量淹過成品即可，放入少許明礬粉，保鮮時間可達 15 天左右。

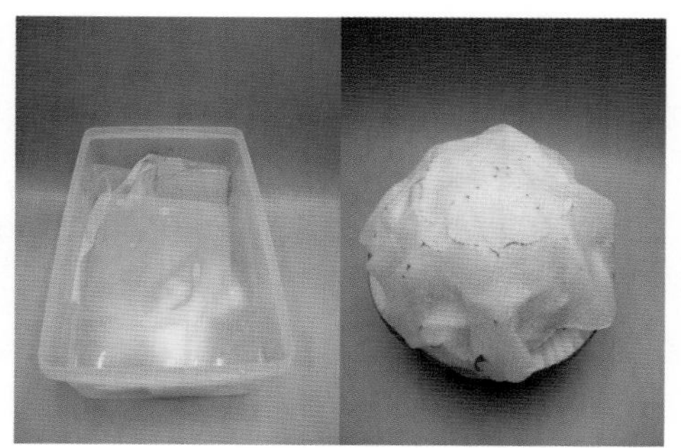

水果類雕刻成品保存方法：將雕刻完成的部分用沾溼的廚房紙巾平均覆蓋，覆蓋完後再用保鮮膜將整個水果包覆起來，放進冰箱冷藏，可維持 5 ～ 7 天的新鮮度。

CHAPTER 2

最新中餐丙級考照

Verse 1 → 水花片

刀刃形 1

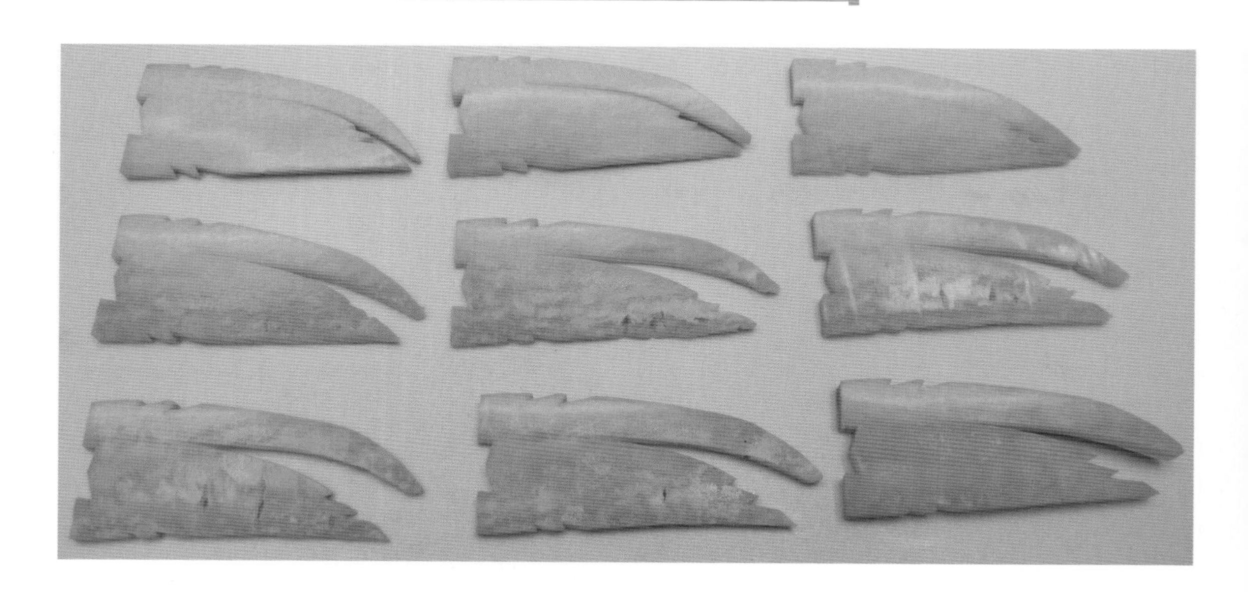

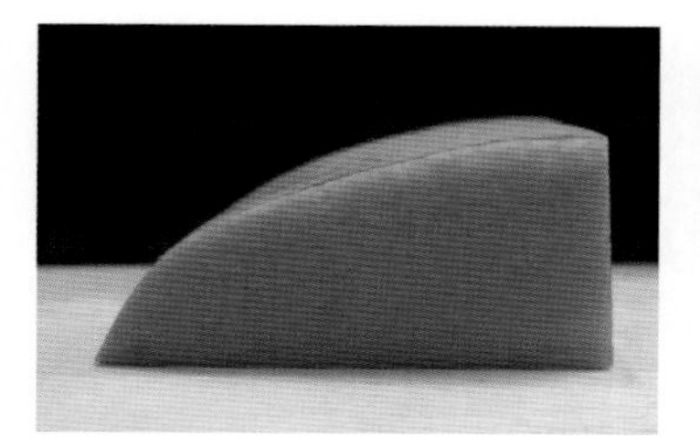

01 將紅蘿蔔切割出刀刃型塊狀

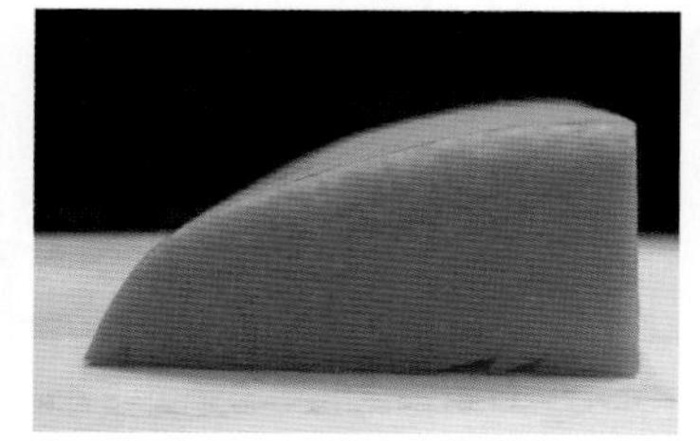

02 在下方平面處切出 2 個鋸齒刀法

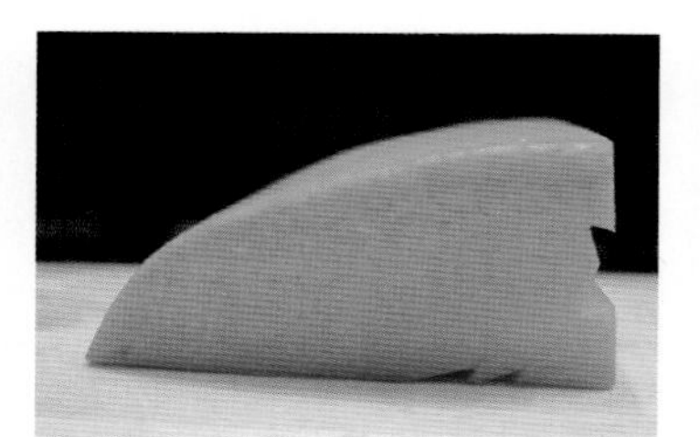

03 左邊平面處切出 M 字形

04 上方弧面切出 2 個鋸齒刀法

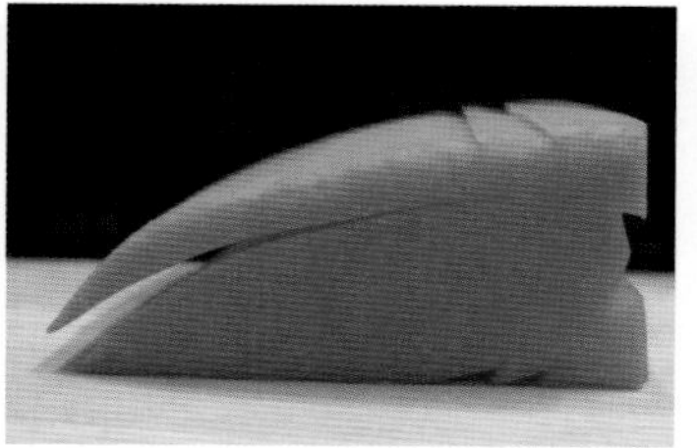

05 在下方平面處與弧面交接點順著弧面切出 1 個不斷面刀法

06 在弧形不斷面前端位置切出 2 個鋸齒刀法

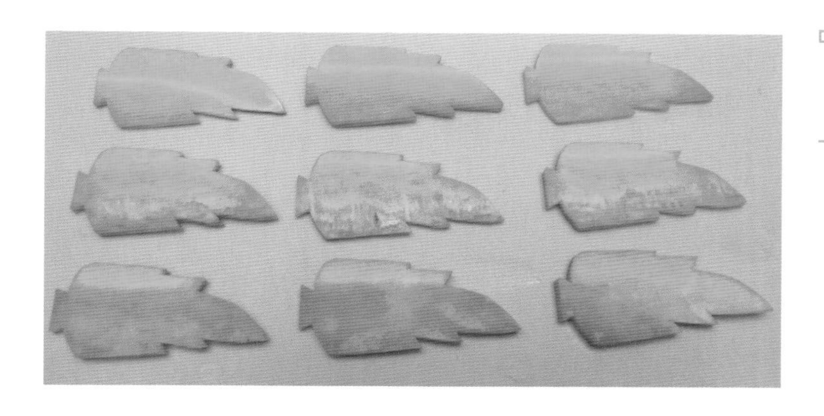

刀刃形 2

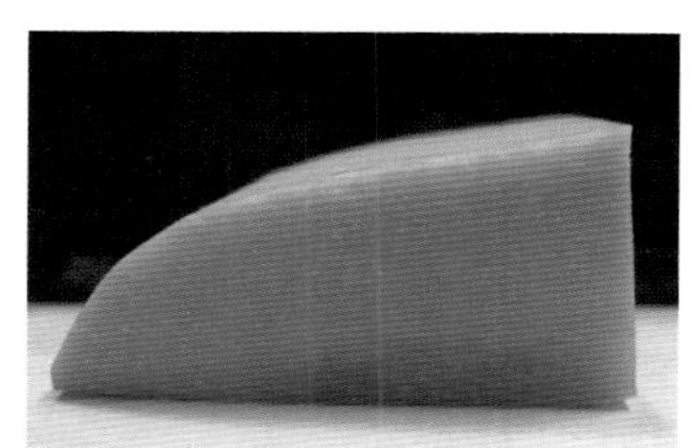

01 將紅蘿蔔切割出刀刃形塊狀

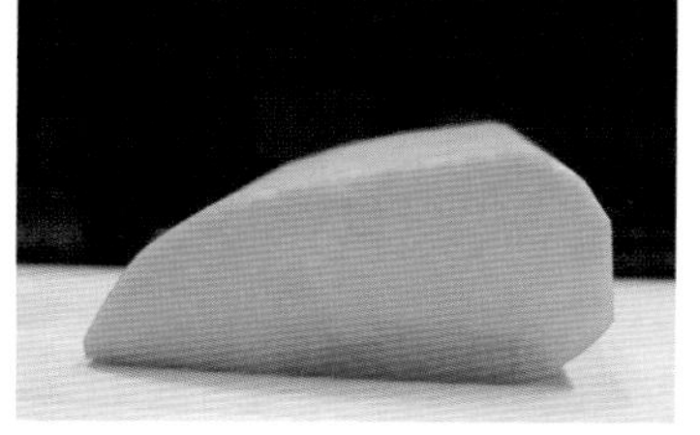

02 在右邊平面處切割出圓弧形

03 右邊弧面切割出梯形

04 上方弧面、下方平面處，各切割出 2 個鋸齒刀法

刀刃形 3

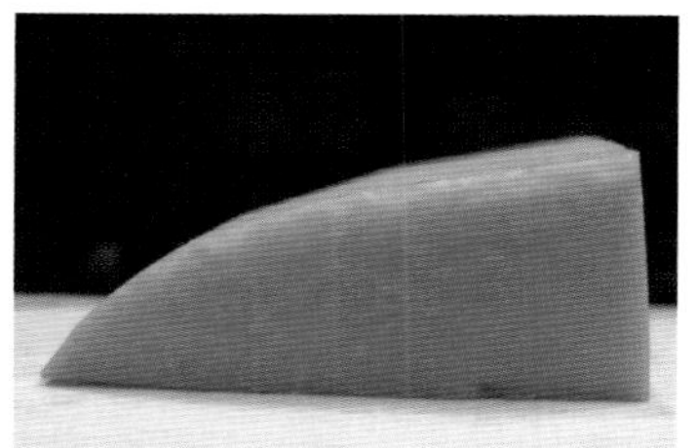

01 將紅蘿蔔切割出刀刃形塊狀

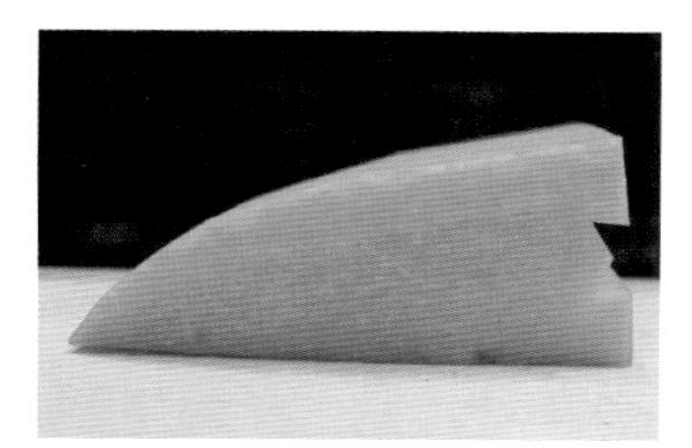

02 在右邊平面處切出 M 字形

03 下方平面處切出 5 個鋸齒刀法

04 上方弧面切出 5 個鋸齒刀法

半圓形 1

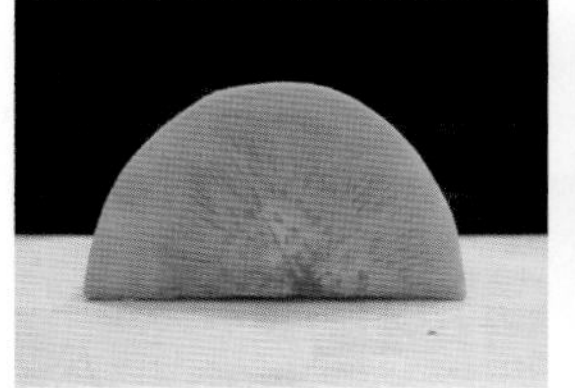

01 將紅蘿蔔切割成半圓形塊狀

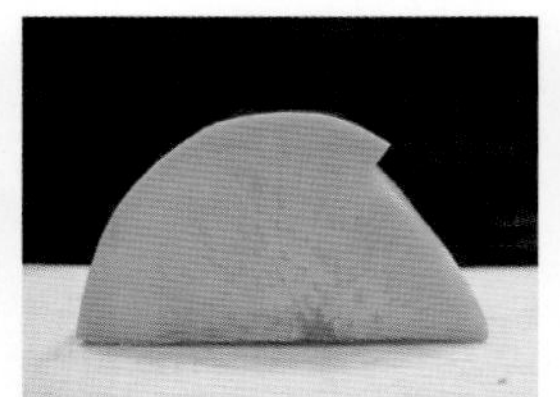

02 圓弧面右邊切出截角狀

03 下方平面右邊切出反 V 字形，並在右邊尖頭處切出 1 個小角度

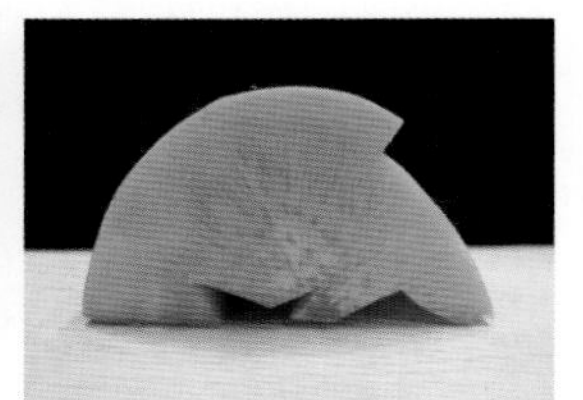

04 反 V 形左邊切出 M 字形

05 M 字形左邊切出反 V 字形

06 左邊弧面切出截角狀

07 將上方中間突出部分切出鋸齒刀法

半圓形 2

01 將紅蘿蔔切割出半圓形塊狀

02 在上方圓弧面切出帽子形狀

03 下方平面切出 2 個向右傾斜的鋸齒刀法

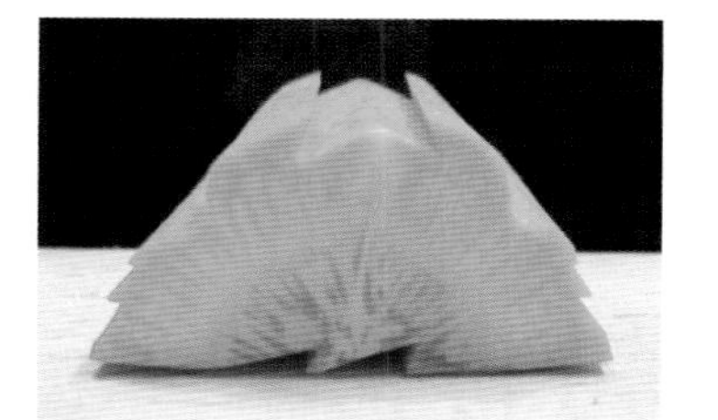

04 上方中間位置切出 W 字形

半圓形 2

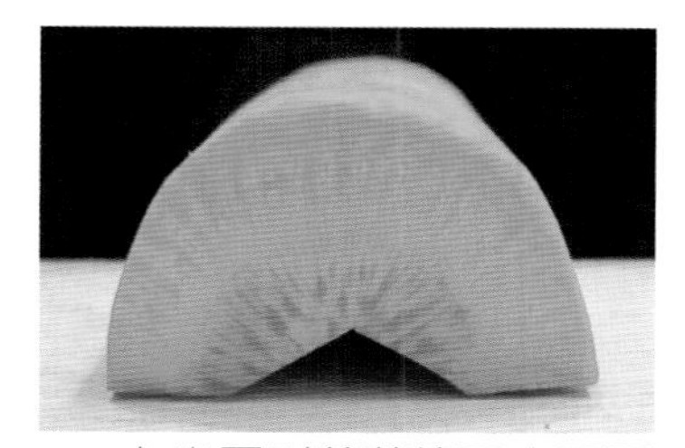

01 在半圓形蘿蔔塊下方平面處切出反 V 字形

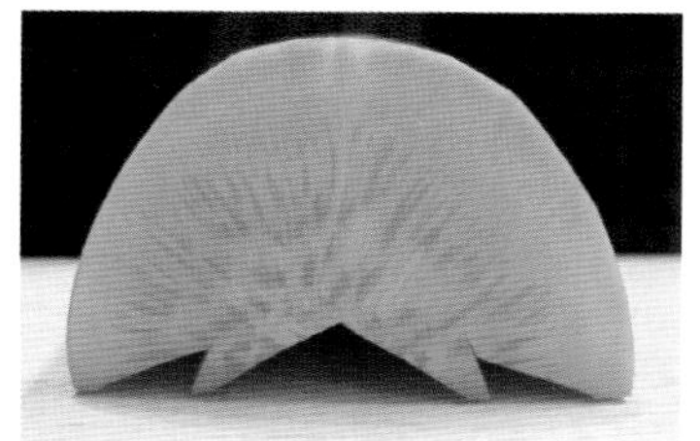

02 在反 V 字形左右兩側各切一個鋸齒刀法

03 上方圓弧面的左、右兩邊各切出 2 個鋸齒刀法

04 圓弧面中間位置切割出 W 字形

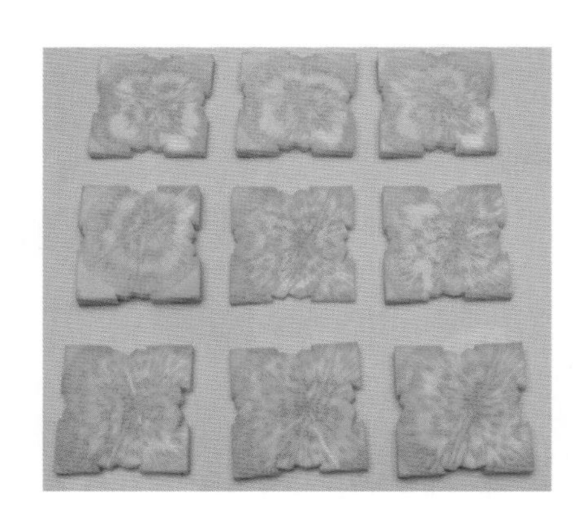

正方形 1

01 將紅蘿蔔切割成大約 2 公分立方的正方形

02 在上方平面中間位置切出 1 個小角度 V 字形

03 V 字形左、右兩邊各切出 1 個小角度鋸齒

04 其他三面重複 02 ～ 03 的步驟

正方形 2

01 將紅蘿蔔切割成大約 2 公分立方的正方形

02 在上方平面中間位置切出 1 個大角度 V 字形

03 V 字形左、右兩邊各切出 1 個大角度鋸齒

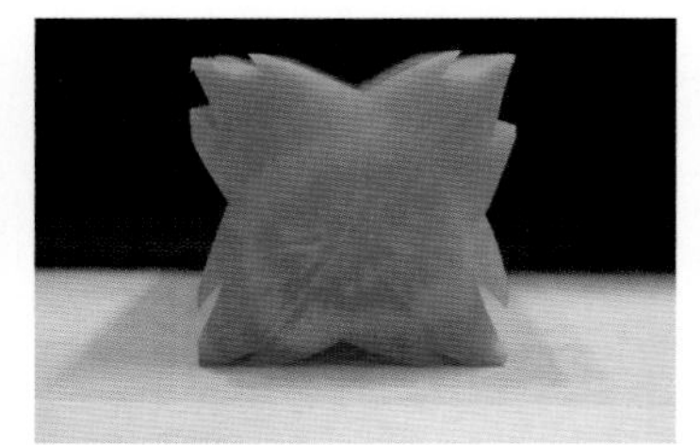

04 其他三面重複 02 ～ 03 的步驟

長方形 1

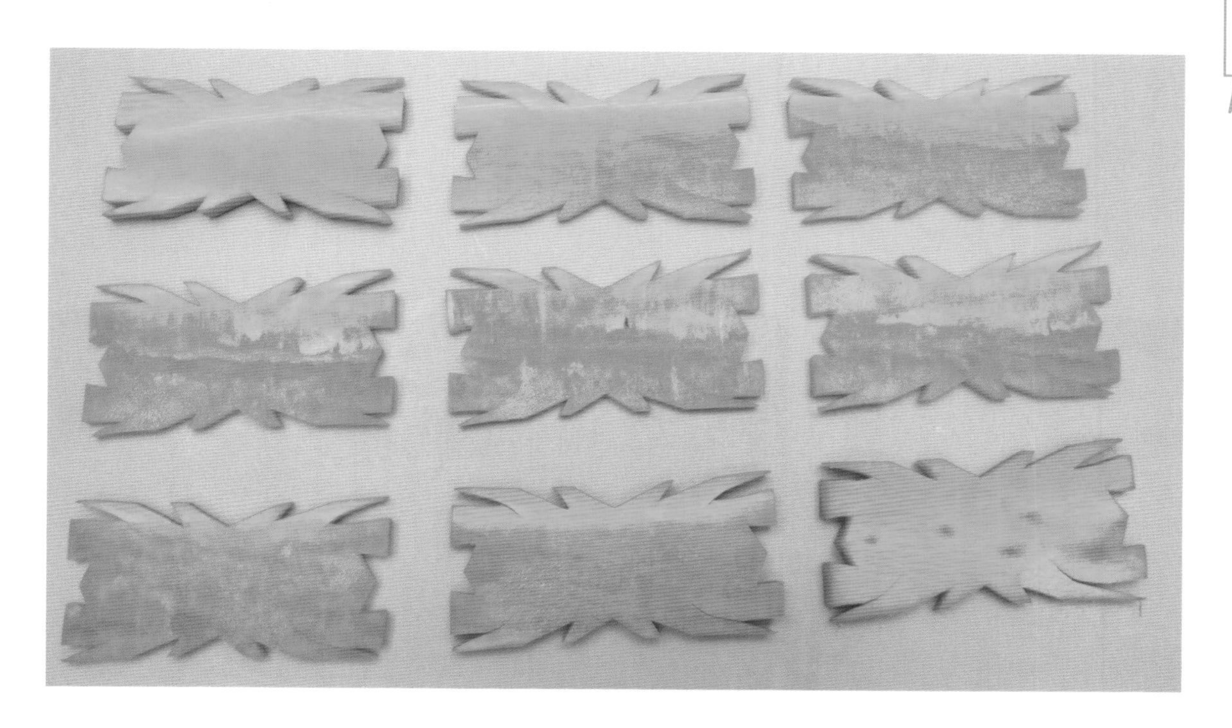

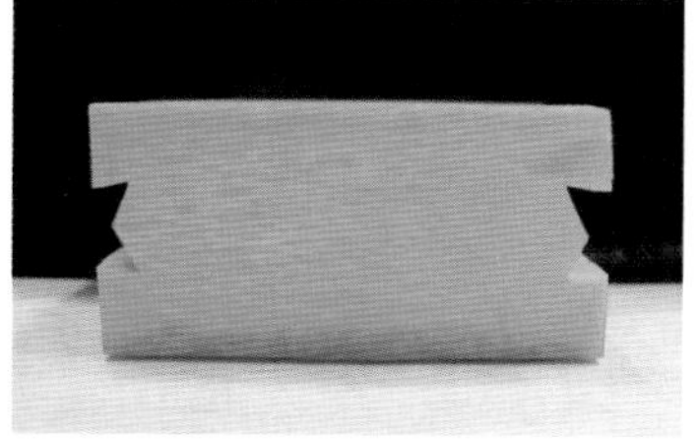

01 在兩側短邊分別切出 M 字形

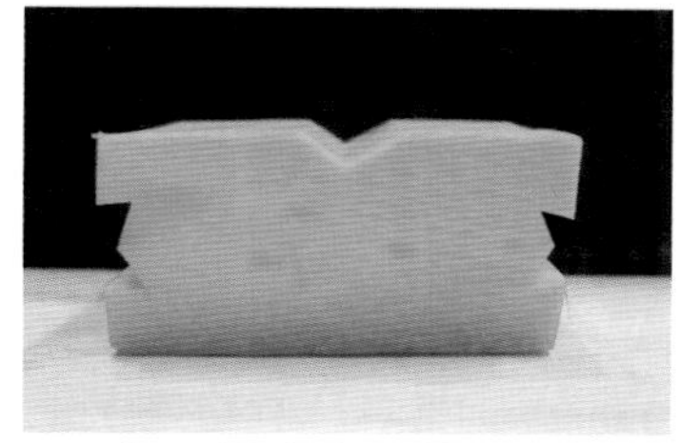

02 在一長邊中間位置切出 V 字形

03 V 字形兩側各切出 1 個內斜鋸齒

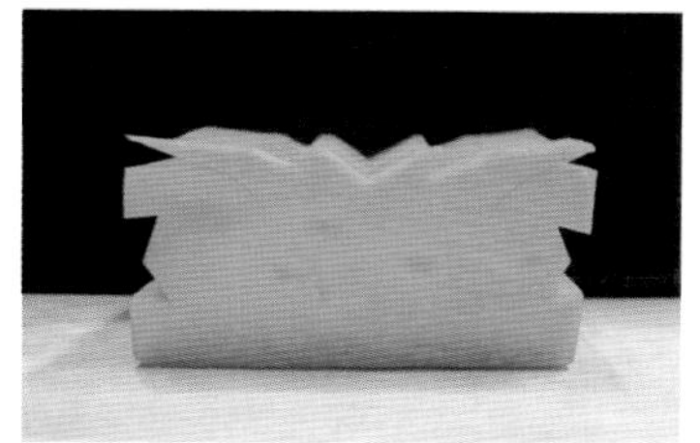

04 左、右兩邊的尖角處各切出 1 條向內的 Y 字弧形

05 在另一長邊重複 02 ～ 04 的步驟

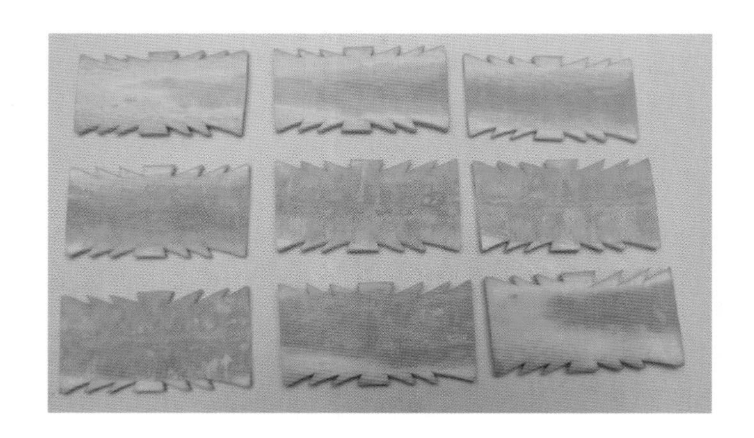

長方形 2

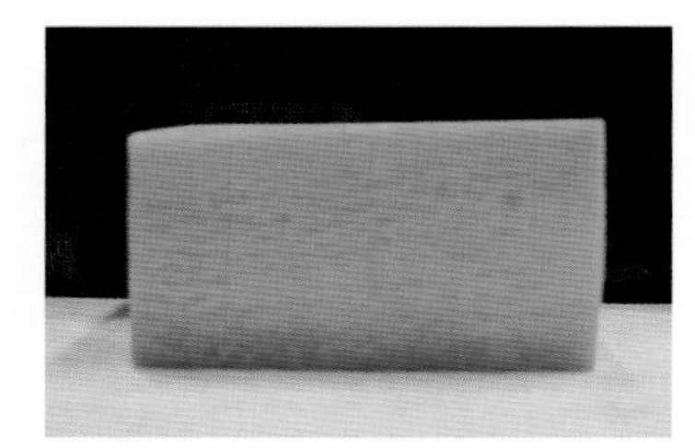

01 將紅蘿蔔切割出長方形塊狀

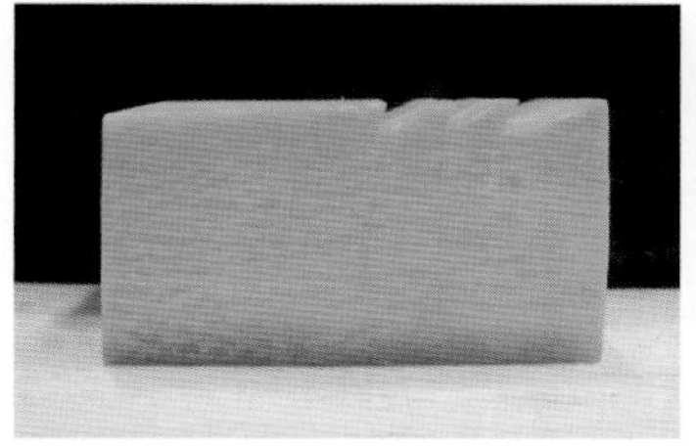

02 選擇一面長邊在右邊切出 3 刀向左斜的鋸齒狀

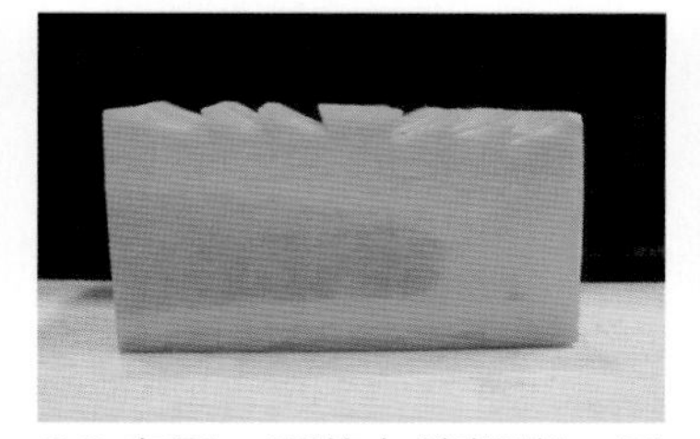

03 在同一面的左邊切出 3 刀向右斜鋸齒狀

04 在另一面長邊重複 02 ～ 03 的步驟

三角形

01 將紅蘿蔔切割出三角形塊狀

02 三角形下方切割出 1 個對稱鋸齒刀法

03 三角形左斜邊切出 1 個鋸齒刀法

04 三角形右斜邊切出 1 個鋸齒刀法

酒桶型

01 將紅蘿蔔切割出上窄下寬梯形塊狀

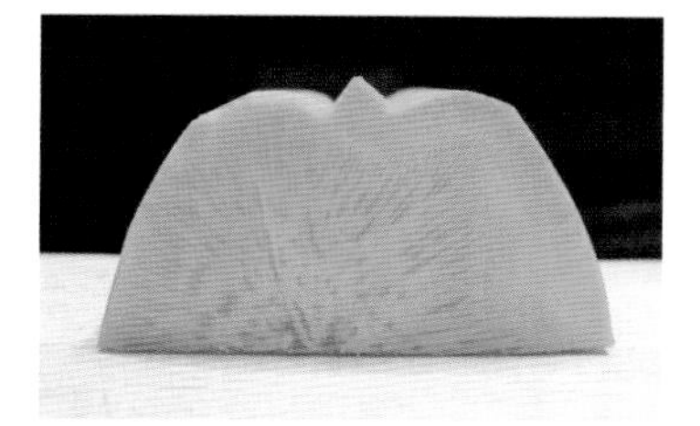

02 短邊保留中間尖頭形左、右兩邊切成弧形

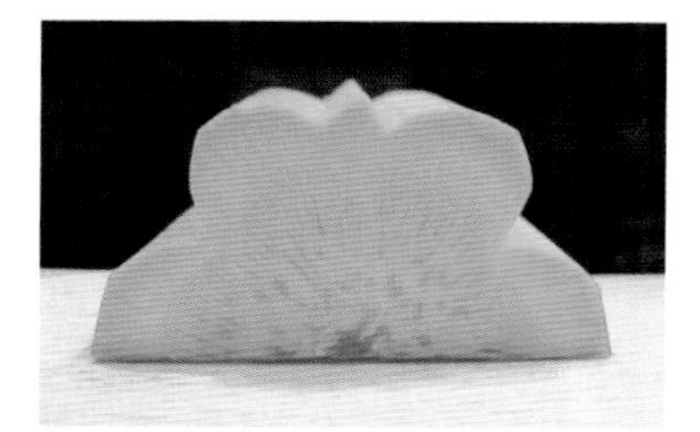

03 左、右兩側弧形各切 1 個 V 字形

04 長邊重複 02 的步驟，並在左、右兩角各向內切 1 個弧形

扇形

01 將紅蘿蔔切割出扇形塊狀

02 扇形圓弧面左、右各切出 1 個圓弧形保留中間ㄇ字形

03 在扇形的 2 個斜邊各切出 3 刀鋸齒狀

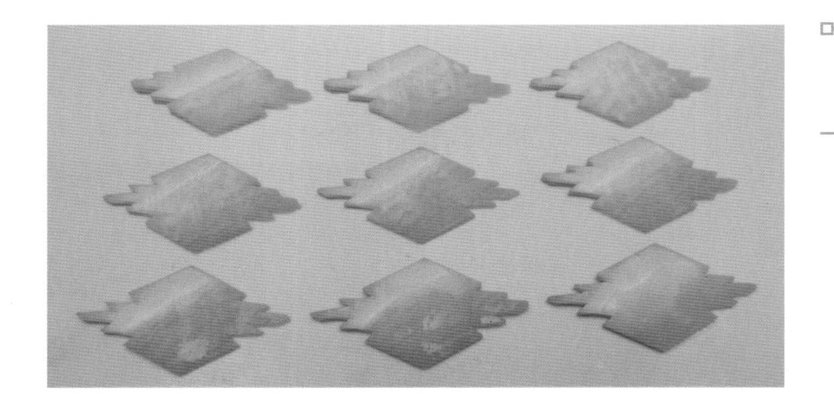

菱形 1

01 將紅蘿蔔切割出菱形

02 右上方夾角的兩邊各切出2刀鋸齒狀

03 對角位置重複 02 的步驟

菱形 2

01 將紅蘿蔔切割出菱形

02 在菱形上方平面切出正角刀法

03 在菱形下方平面切出正角刀法

04 在另外 2 個平面靠近角落的位置，各切出 1 個 M 字形

Verse 2 → 平面擺盤

▲ 材料：番茄、香吉士、大黃瓜、辣椒

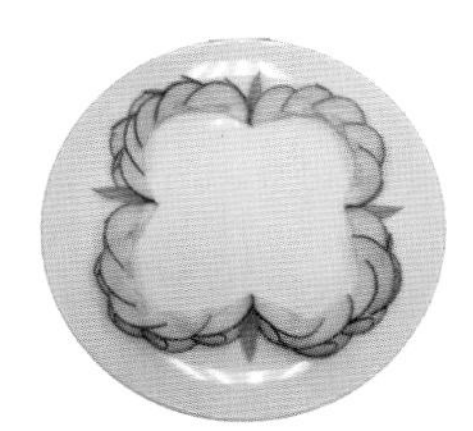

▲ 材料：大黃瓜、紅蘿蔔

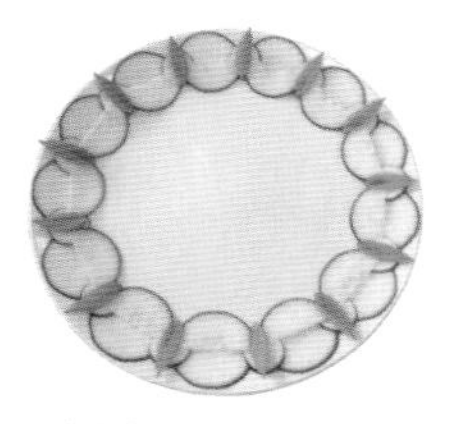

▲ 材料：大黃瓜、紅蘿蔔、茄子

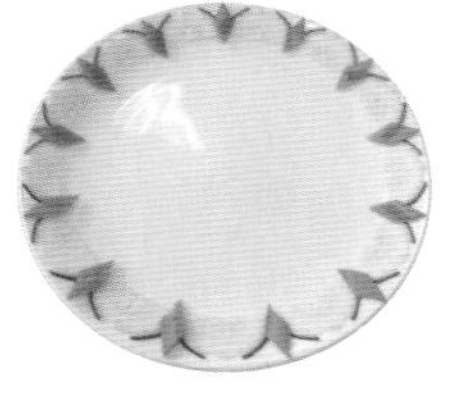

▲ 材料：大黃瓜、紅蘿蔔

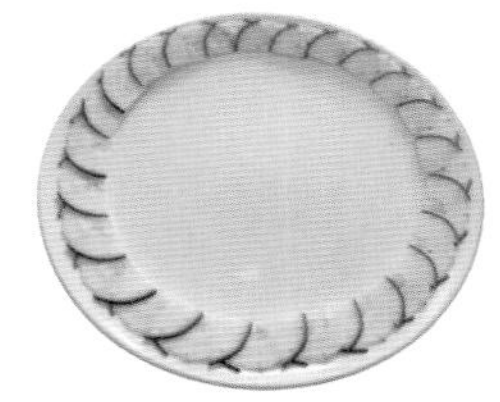

▲ 材料：大黃瓜

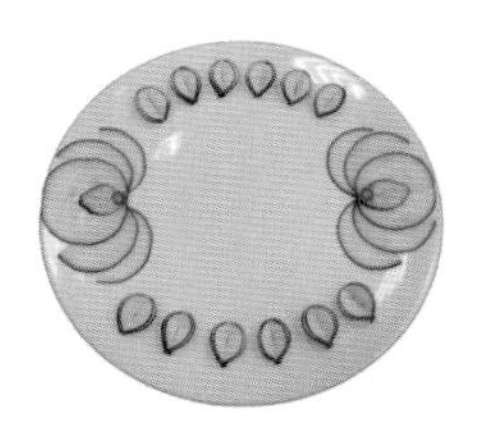

▲ 材料：大黃瓜、小黃瓜、茄子、辣椒

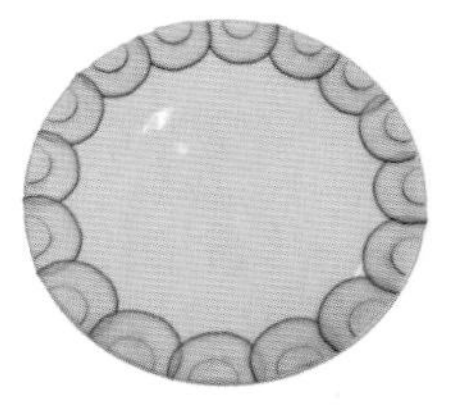

▲ 材料：大黃瓜、茄子

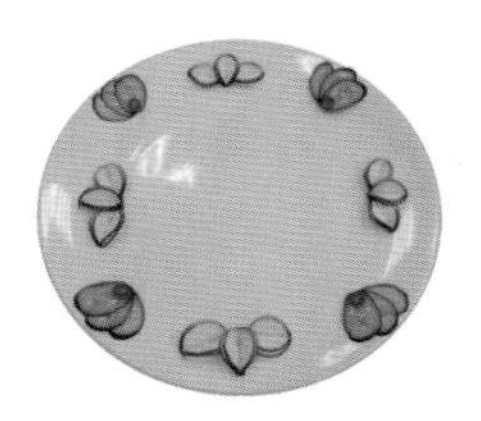

▲ 材料：小黃瓜、茄子、辣椒

▲ 材料：小黃瓜、茄子、辣椒

▲ 材料：小黃瓜、茄子、辣椒

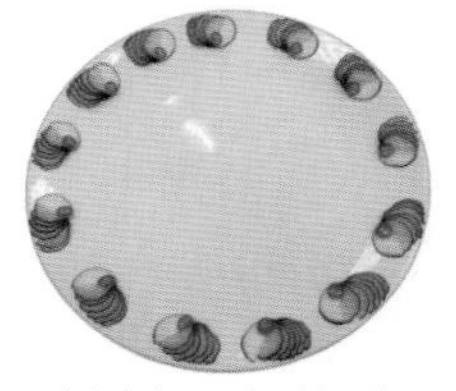

▲ 材料：小黃瓜、茄子、辣椒

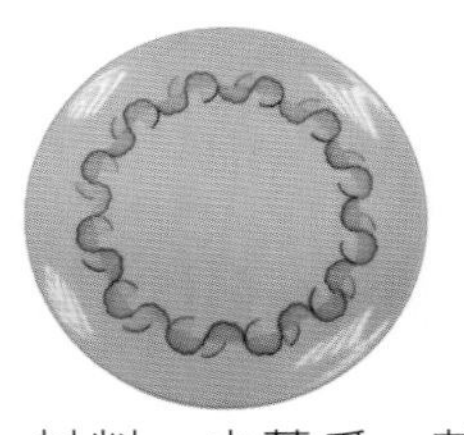

▲ 材料：小黃瓜、茄子

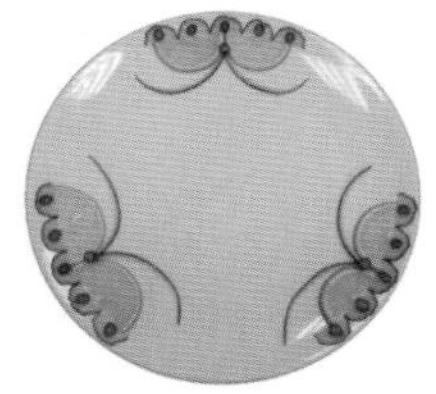

▲ 材料：大黃瓜、小黃瓜、香吉士、辣椒

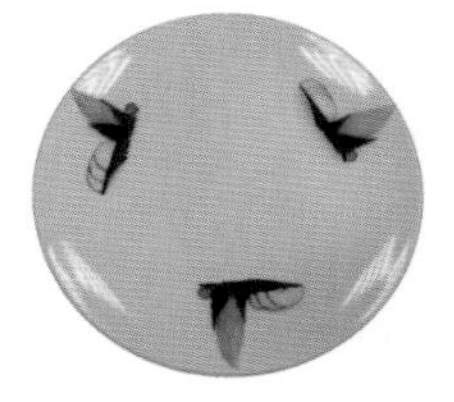

▲ 材料：小黃瓜、茄子、辣椒

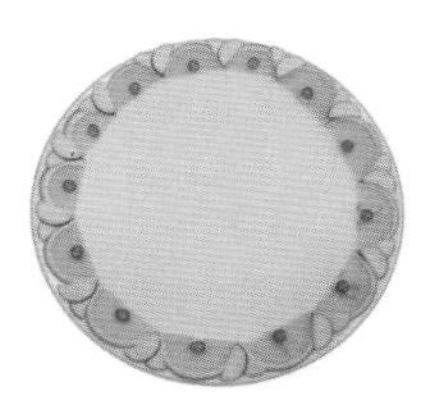

▲ 材料：香吉士、辣椒、茄子

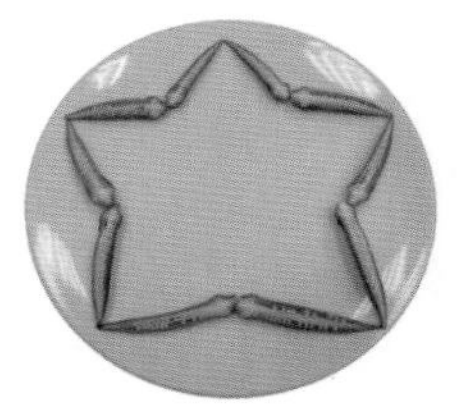

▲ 材料：秋葵

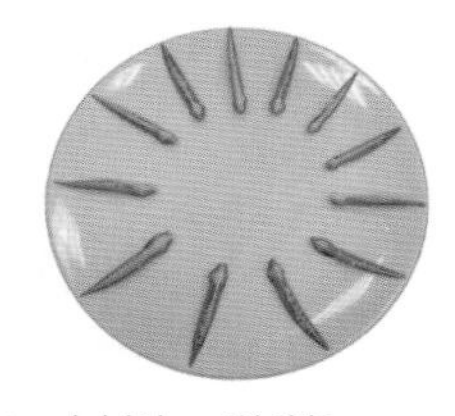

▲ 材料：秋葵

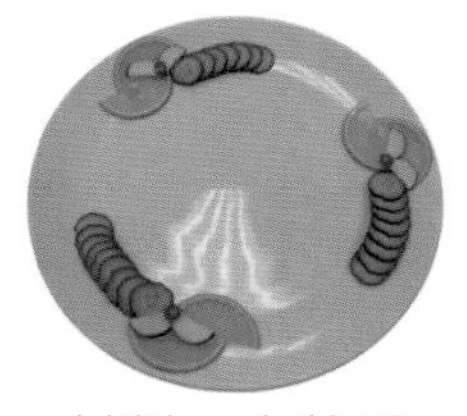

▲ 材料：小黃瓜、茄子、香吉士

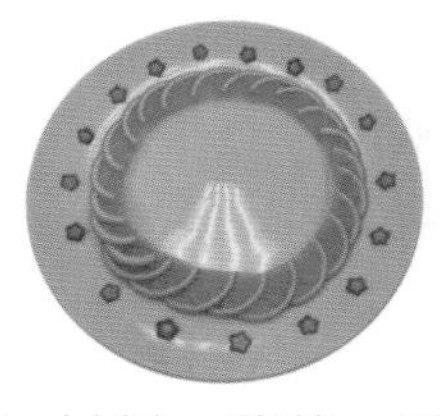

▲ 材料：秋葵、香吉士

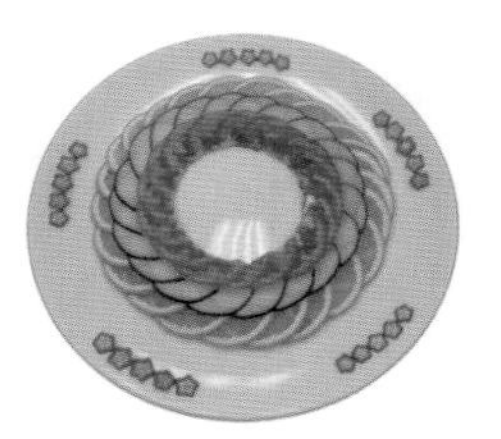

▲ 材料：番茄、香吉士、大黃瓜、秋葵

▲ 材料：蘋果、大黃瓜

▲ 材料：番茄、大黃瓜、秋葵、辣椒

▲ 材料：大黃瓜、辣椒

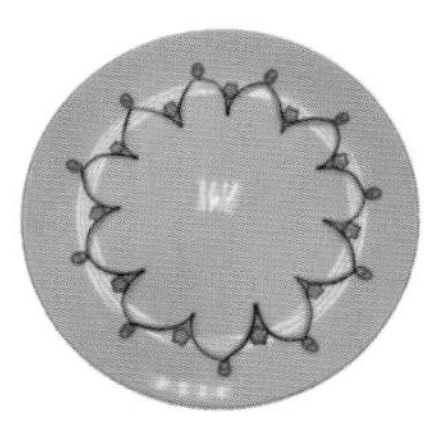

▲ 材料：大黃瓜、秋葵、辣椒

CHAPTER 3

初級蔬果雕刻應用教學

Verse 1 → 天◇鵝

▼步驟分解

01 材料：白蘿蔔 1/2 條、大黃瓜 1/3 條、紅蘿蔔 0.5cm 厚 1 塊

02 切割出一大一小的 2 塊正方形塊狀

03 先在大正方形上切割出頭、尾二部分

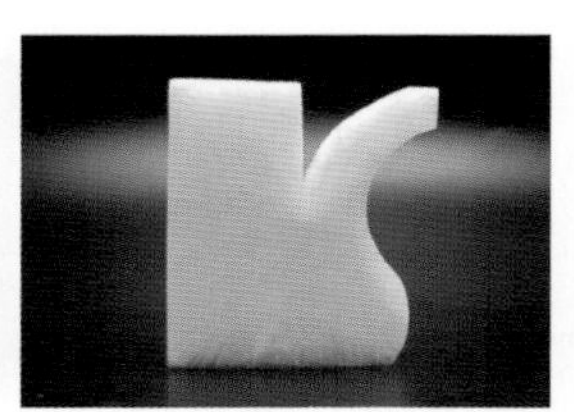

04 切割出脖子與胸部的部分

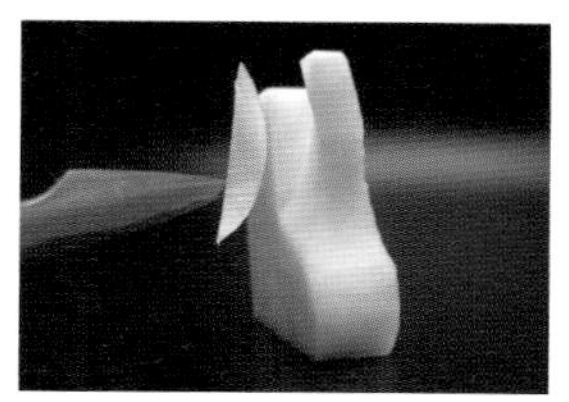
05 修飾脖子的曲線

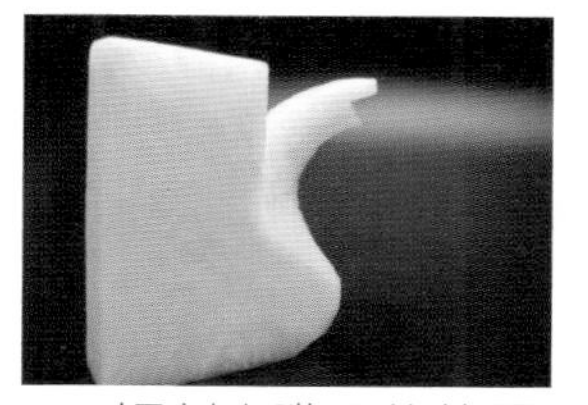
06 切割出嘴巴的位置

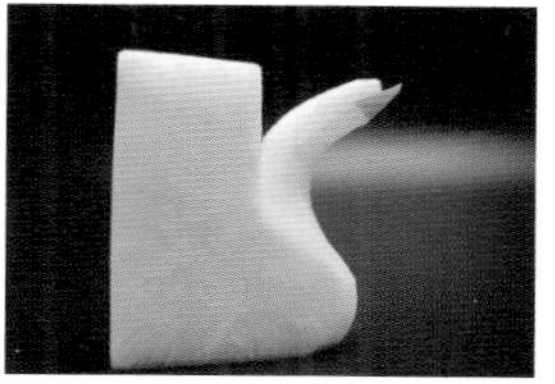
07 用三秒膠將紅蘿蔔小三角塊黏接在嘴巴位置

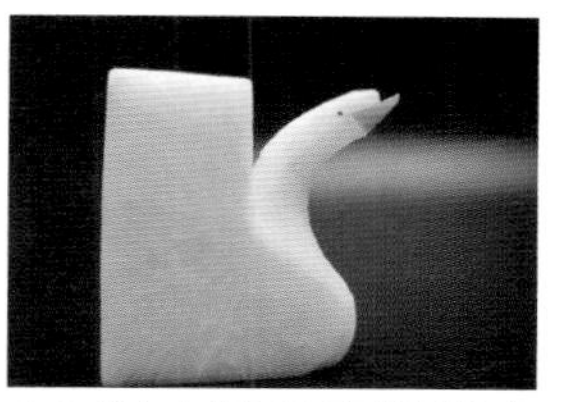
08 用大黃瓜皮切出小圓形，並用三秒膠黏在眼睛位置

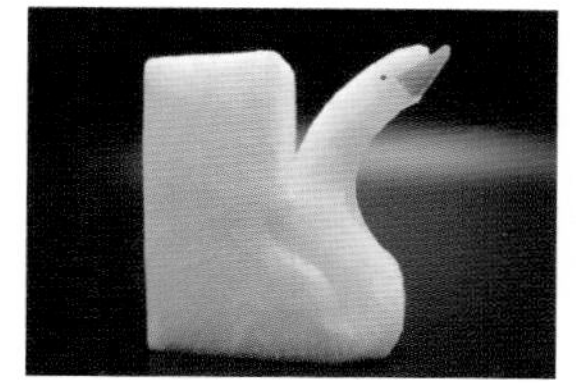
09 切出左邊翅膀的肌肉線條

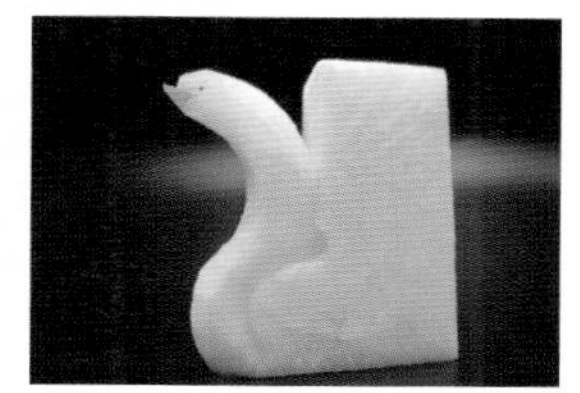
10 切出右邊翅膀的肌肉線條

11 切出翅膀上方的主羽線條

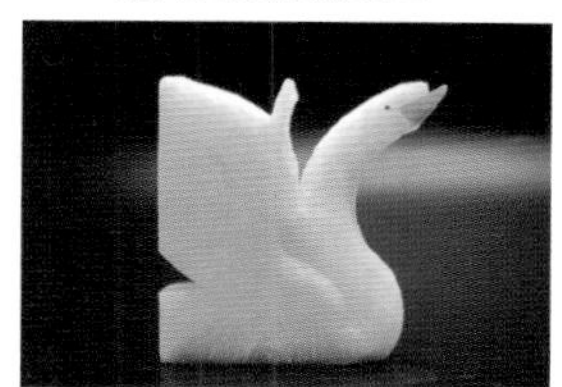
12 切出尾巴的位置

13 切出翅膀羽毛的形狀

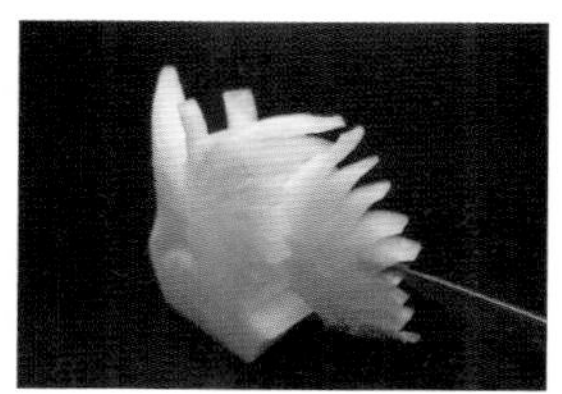
14 將翅膀中間部分切除掉

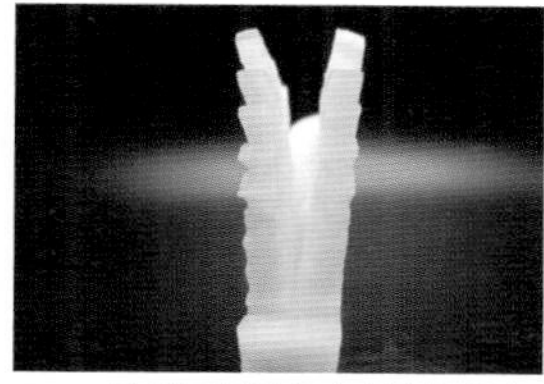
15 修飾翅膀中間部分，讓 2 扇翅膀呈 V 字形

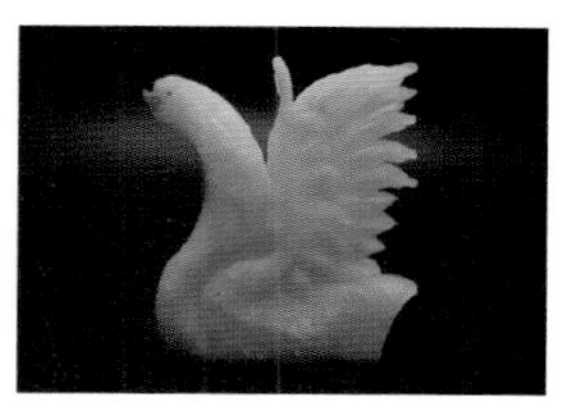
16 切出右邊羽毛的層次

17 切出左邊羽毛的層次

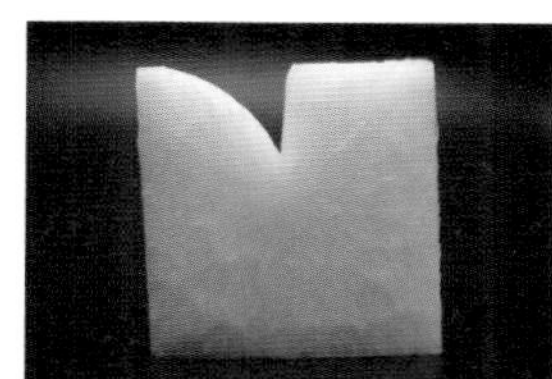
18 小方塊切出天鵝的頭部與尾部

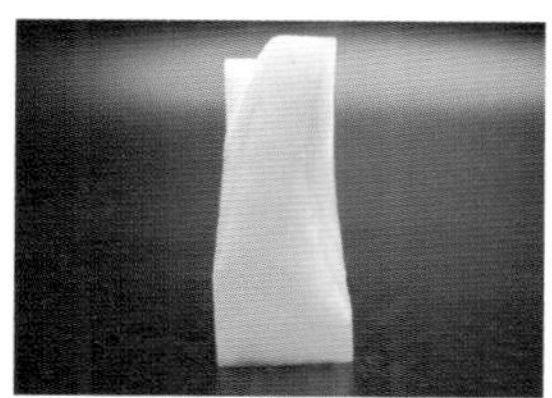
19 切出脖子曲線

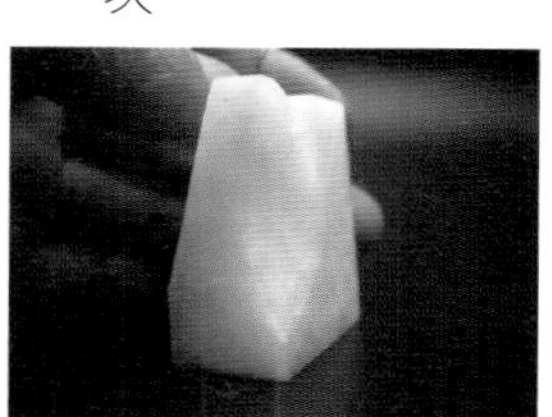
20 脖子側面的示意圖

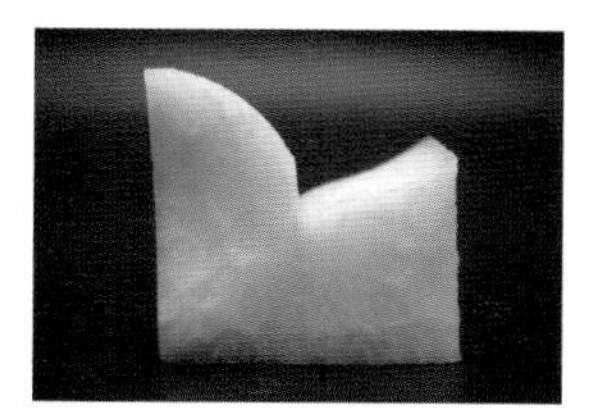
21 切出身體及尾巴的曲線

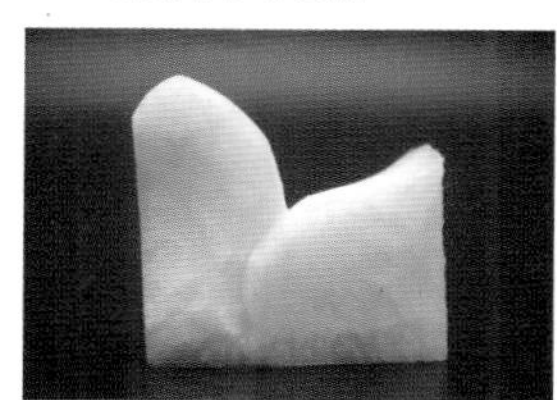
22 完成翅膀的肌肉線條

23 完成脖子、胸部以及嘴巴的部分

24 用三秒膠黏接嘴巴並完成修飾

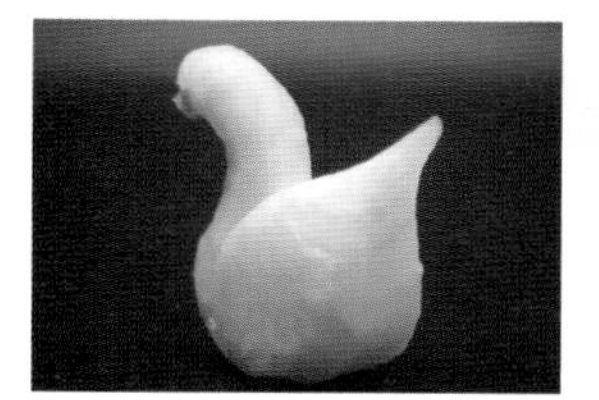
25 修飾尾巴曲線

26 用大黃瓜皮裝飾眼睛

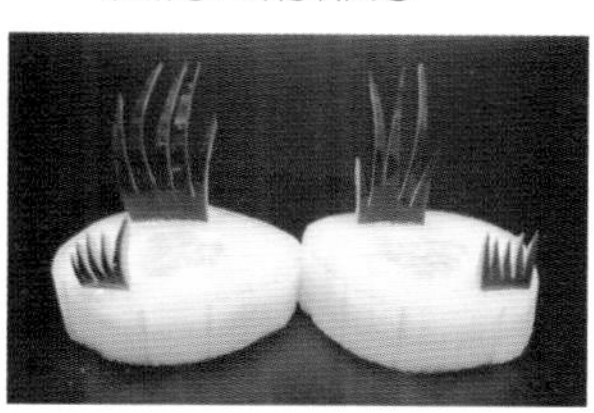
27 用三秒膠黏接大黃瓜皮小草在裝飾底座上

Verse 2 → 月◇兔

▼步驟分解

01 材料：大黃瓜 1/3 條、白蘿蔔 1/2 條、紅蘿蔔 1/2 條

02 將白蘿蔔切割出半圓形先製作臥姿月兔

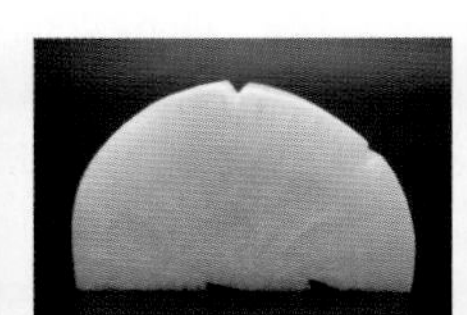

03 半圓形白蘿蔔切分出頭、腳及耳朵部位

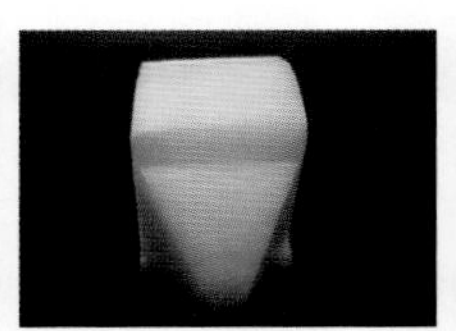

04 切割出頭部的形狀

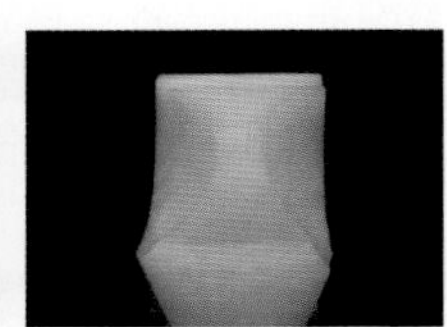

05 頭部後側切出 2 個內凹的弧形

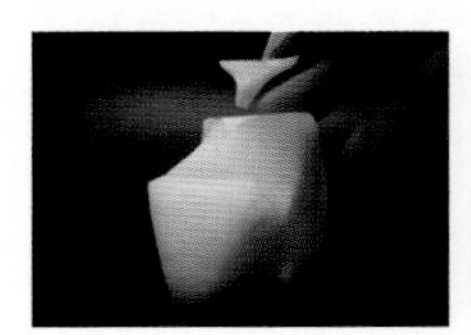

06 內凹弧形中間位置順著弧形切除個三角形

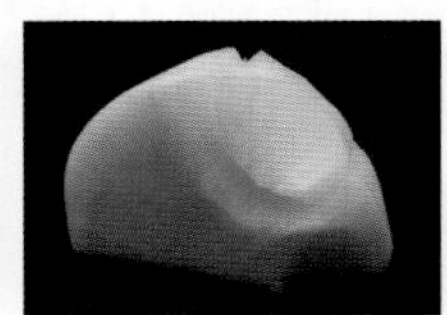

07 沿著左邊內凹弧型的下方線條切出內凹弧線

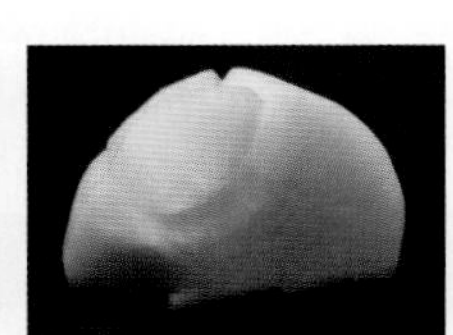

08 沿著右邊內凹弧型的下方線條切出內凹弧線

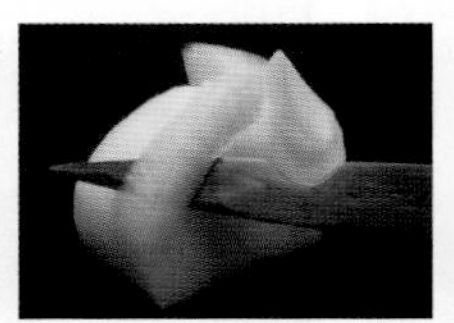

09 切出背部形狀並切除左、右 2 側邊角

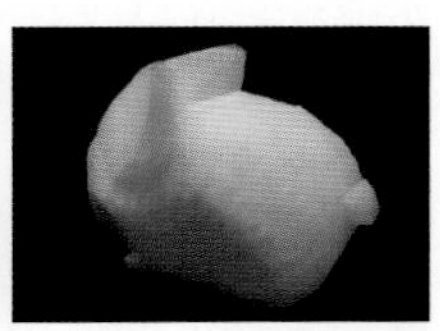

10 切出尾巴的形狀

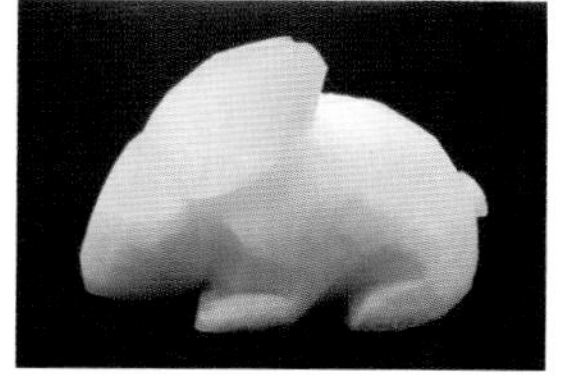

11 切出左側雙足的形狀並修飾頭部線條

12 修飾左側雙足的線條

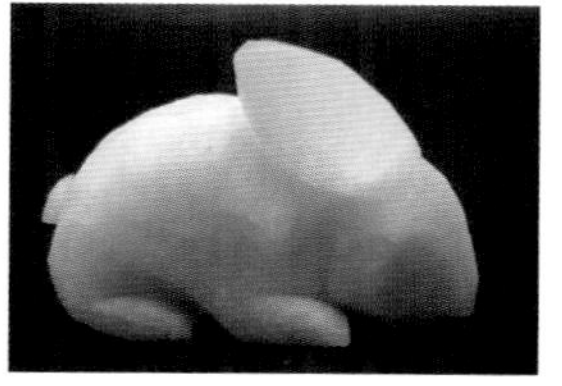

13 切出右側雙足的形狀並修飾頭部線條

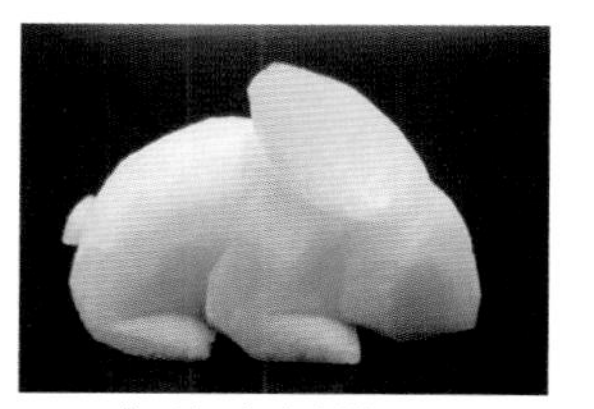

14 修飾右側雙足的線條

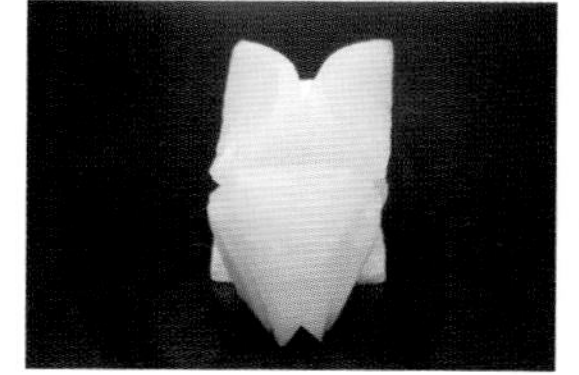

15 切出鼻子的形狀

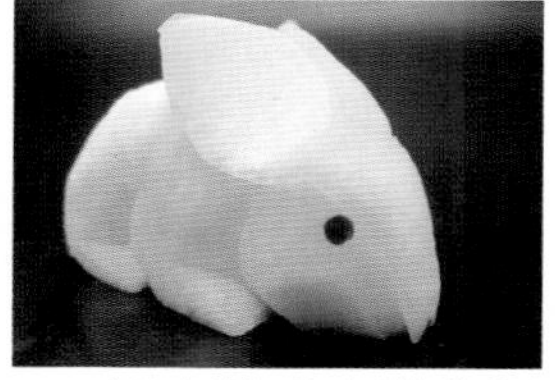

16 用大黃瓜皮裝飾眼睛

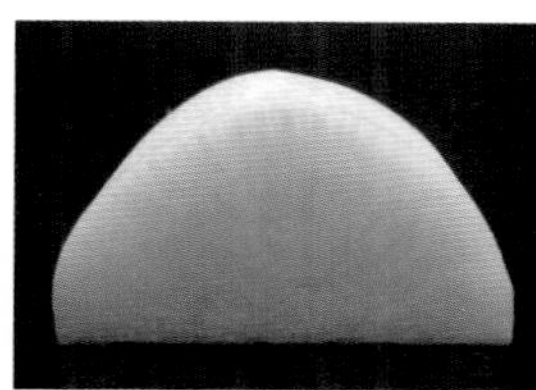

17 切出半圓形白蘿蔔塊製作站姿月兔

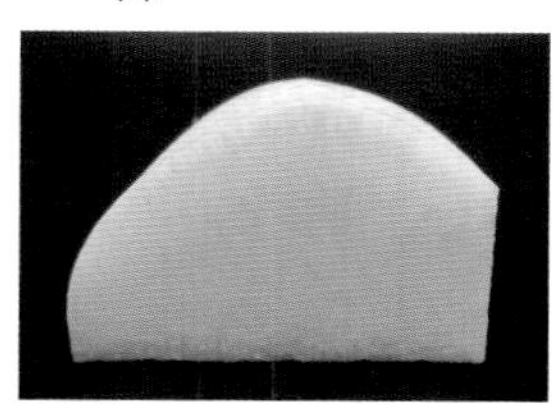

18 切除右邊 1/3 的部分

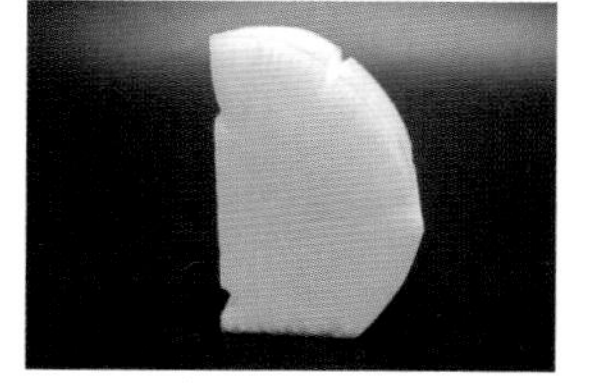

19 立起蘿蔔塊並切出 4 個 V 字形用來標示各部位

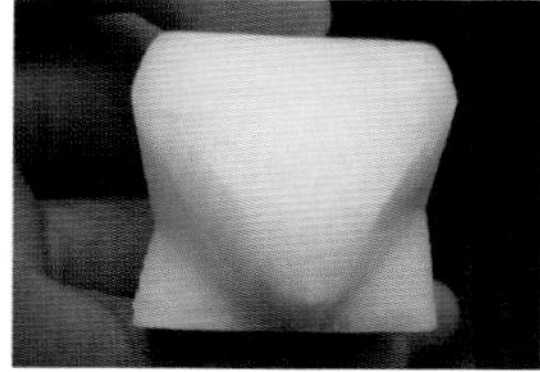

20 切出頭部形狀

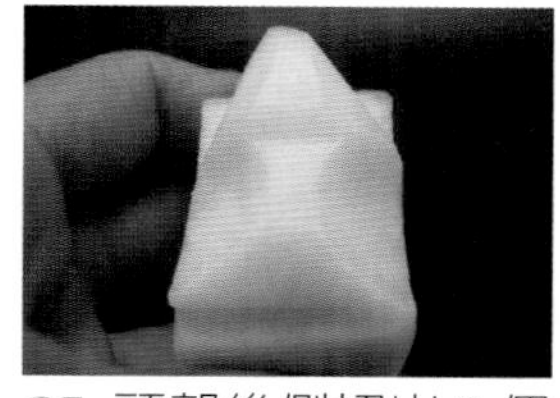

21 頭部後側切出 2 個內凹的弧形

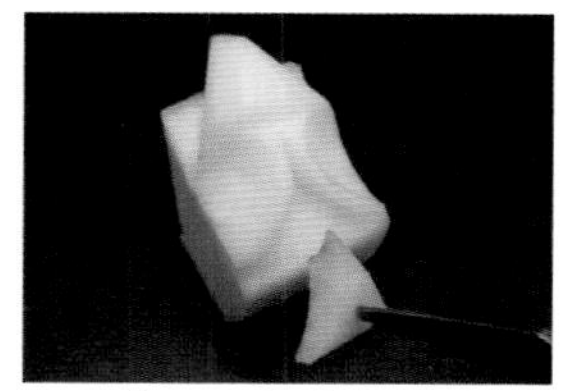

22 內凹弧形中間位置順著弧形切除個三角形

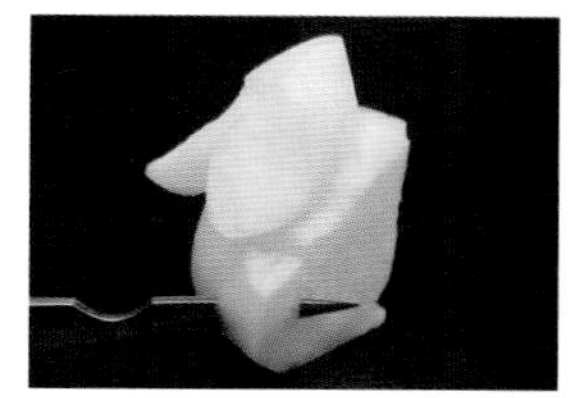

23 切出背部形狀並切除左、右 2 側邊角

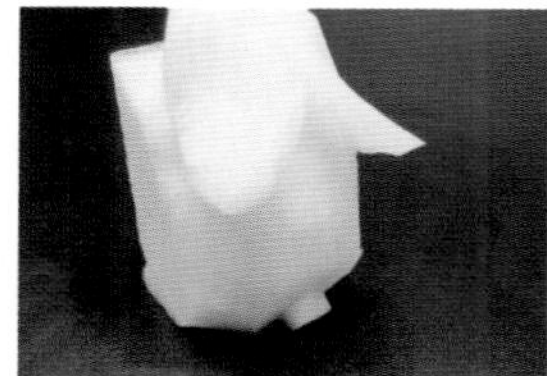

24 切出尾巴的形狀

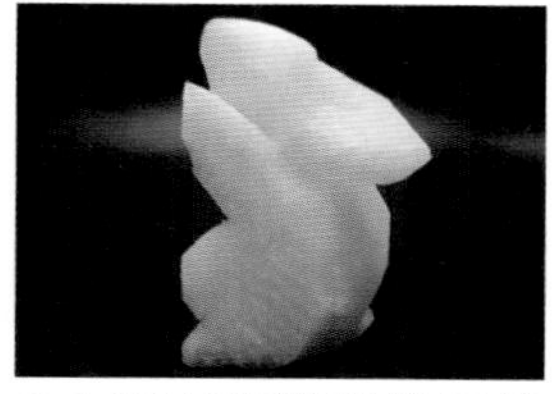

25 切出前腳與後足的位置及基本形狀

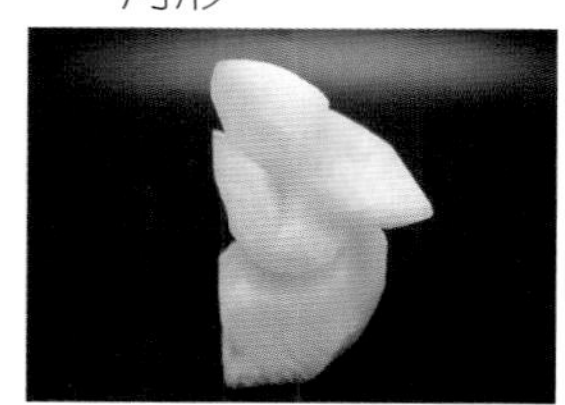

26 切出前足的肌肉線條

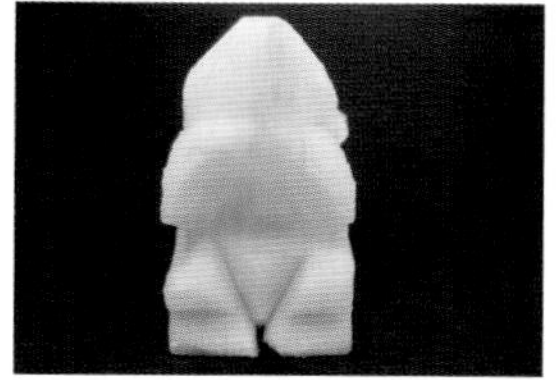

27 修飾腹部形狀

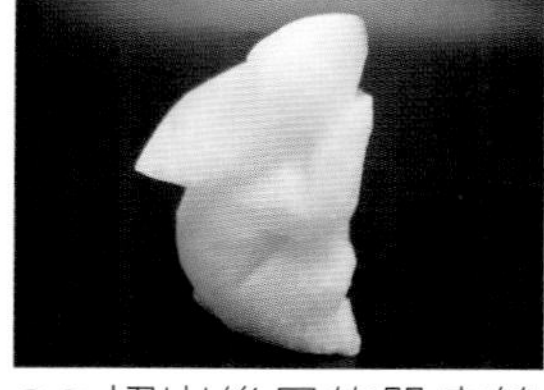

28 切出後足的肌肉線條

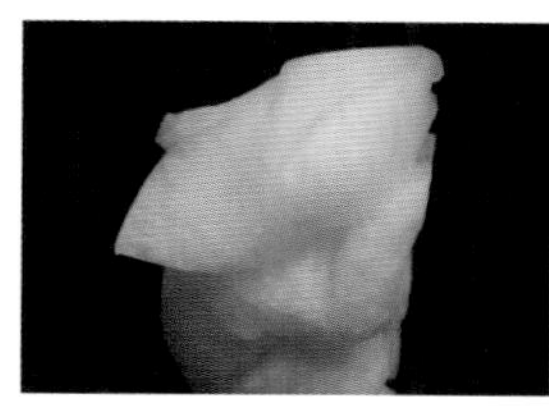

29 切出鼻子形狀

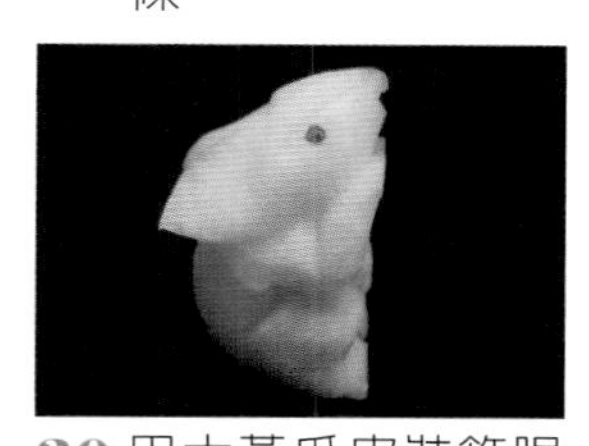

30 用大黃瓜皮裝飾眼睛

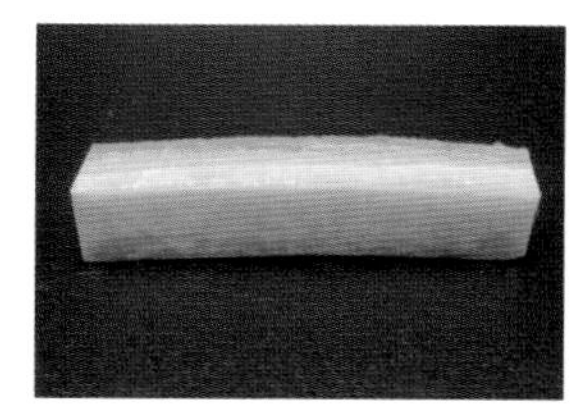

31 切割出 1 個紅蘿蔔長條

32 在中間切出 1 個 V 字形凹槽

33 用大黃瓜皮切出草的形狀

34 用三秒膠黏接紅蘿蔔底座與小草

Verse 3 → 桃◇紅

▼步驟分解

01 材料：紅蘿蔔 1/2 條、大黃瓜 1/3 條

02 將紅蘿蔔分別切出大中小 3 個正立方體與 1 片長方形厚片

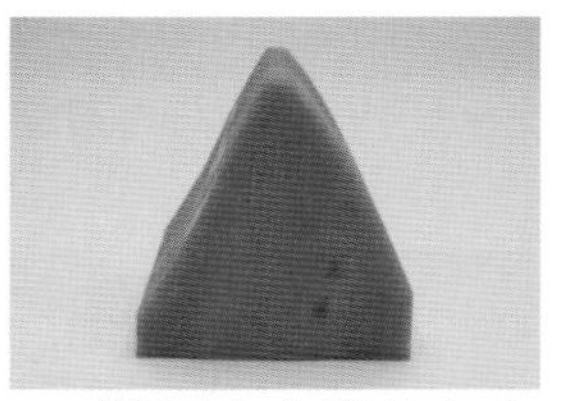

03 將正立方體的上方切成三角形

04 粗略切成上尖下圓的水滴形

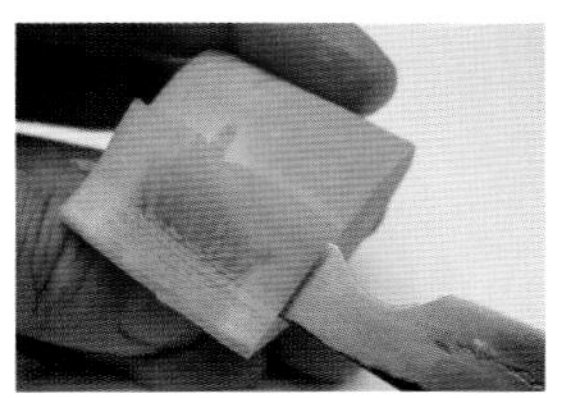

05 修飾成桃子形

06 桃子形狀側面圖

07 將一面平面切出弧度

08 另一平面同樣切出弧度

09 修飾邊角

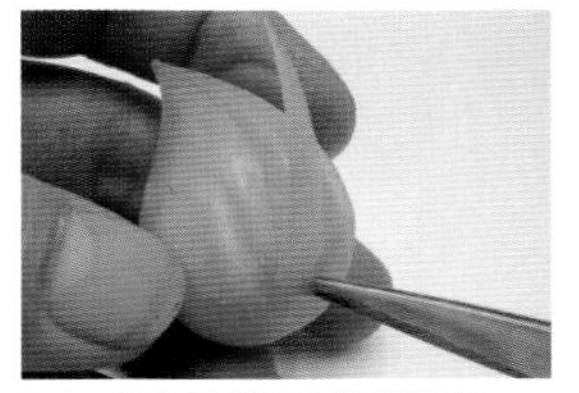

10 切出桃子的線條

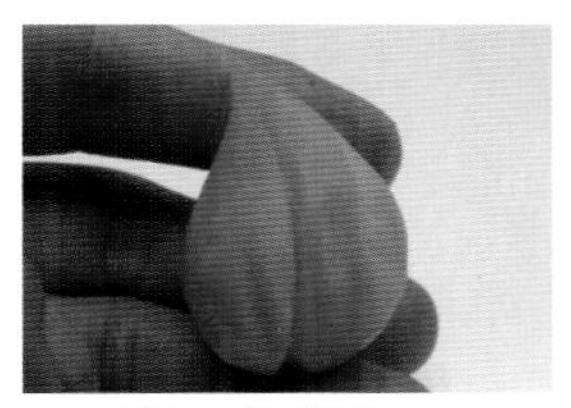

11 桃子完成圖

12 另外 2 塊正立方體同樣切成桃子形狀

13 用大黃瓜皮切出桃葉的形狀

14 完成 6 片葉子

15 用紅蘿蔔雕刻出桃木枝的形狀

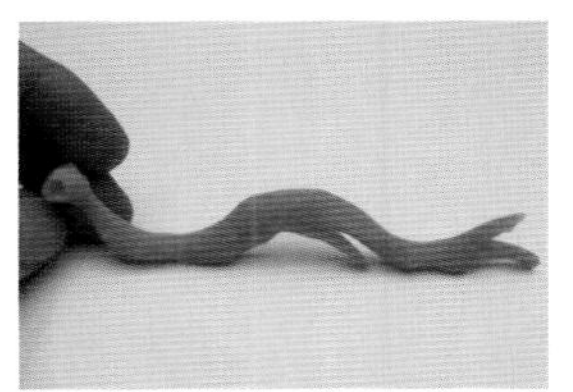

16 桃木枝形狀雕刻完成

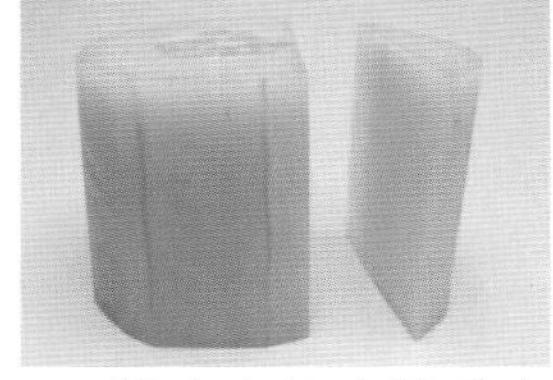

17 將去皮的大黃瓜肉切除 1/3

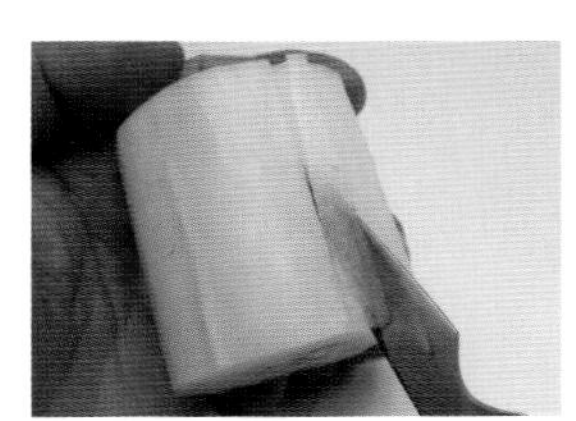

18 在留下的大黃瓜上切出 V 字形凹槽

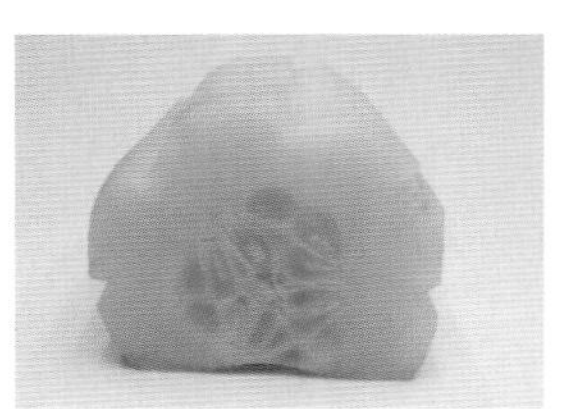

19 共切出 5 個 V 字形凹槽

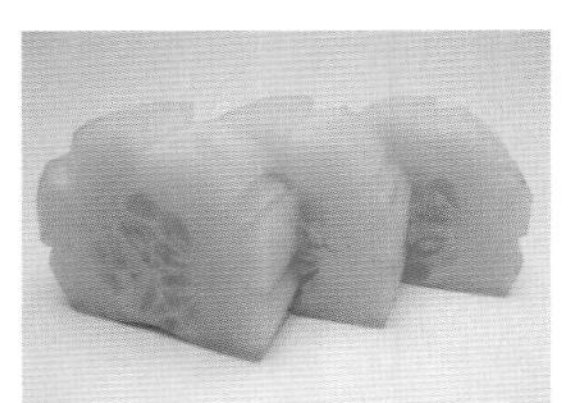

20 將大黃瓜切成三等分

21 將桃子與桃葉用三秒膠黏接，並用牙籤插在大黃瓜基座上

Verse 4 → 絲◇瓜

▼步驟分解

01 材料：大黃瓜 1/3 條、紅蘿蔔 2 條

02 將紅蘿蔔切出 2 塊長矩形

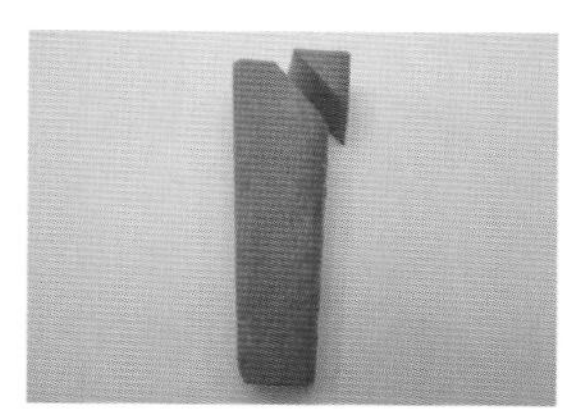

03 切除右上角

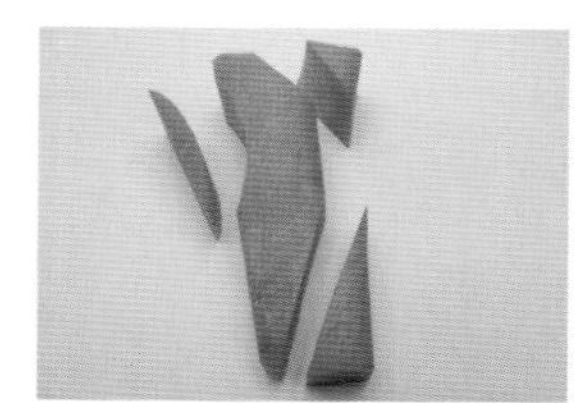

04 切出絲瓜的基本形狀

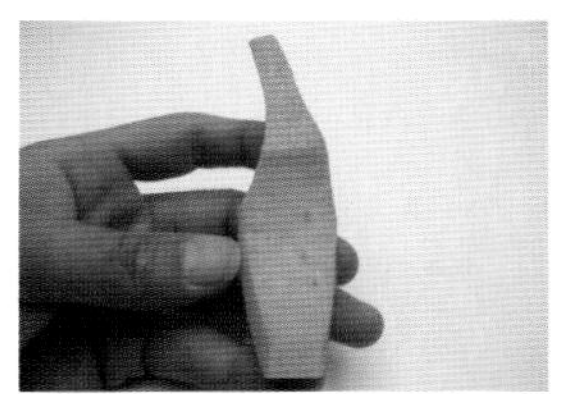
05 切出絲瓜蒂頭部分的形狀

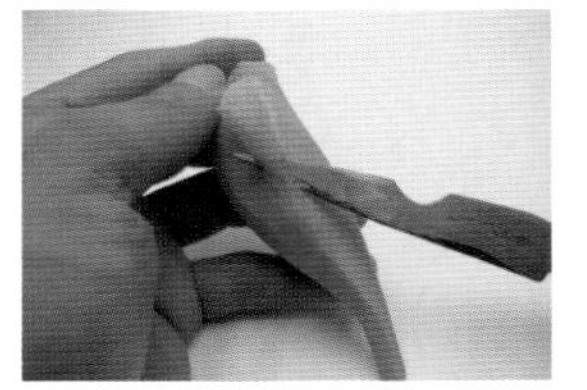
06 將尖角修飾掉

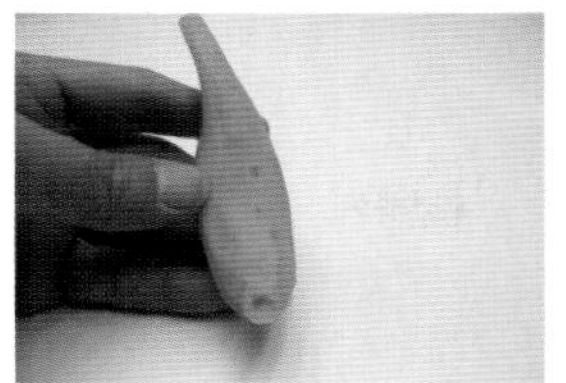
07 修飾絲瓜的整體形狀

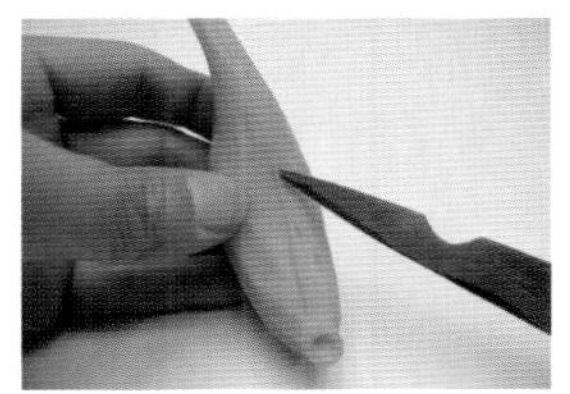
08 切出絲瓜表面的紋路

09 完成絲瓜側面紋路

10 修飾絲瓜表面使其更圓順

11 絲瓜完成樣式

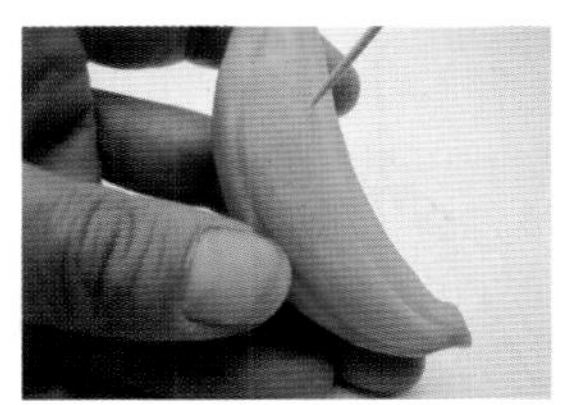
12 用牙籤戳出表面斑點

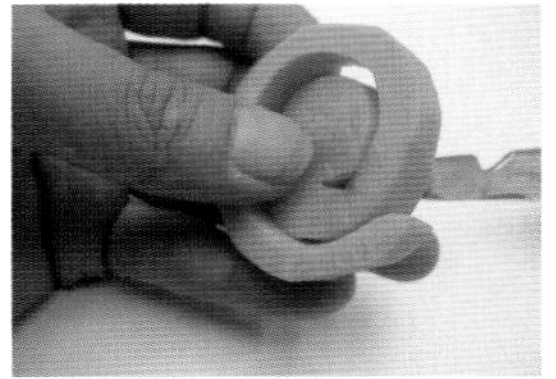
13 將紅蘿蔔厚片切出螺旋長條

14 完成瓜藤的形狀

15 將瓜藤的邊角修掉

16 用三秒膠瓜藤與瓜身黏接起來

17 切出2片大黃瓜方形厚片當底座

18 用大黃瓜皮切出絲瓜葉子的形狀

19 雕刻出葉子的葉脈

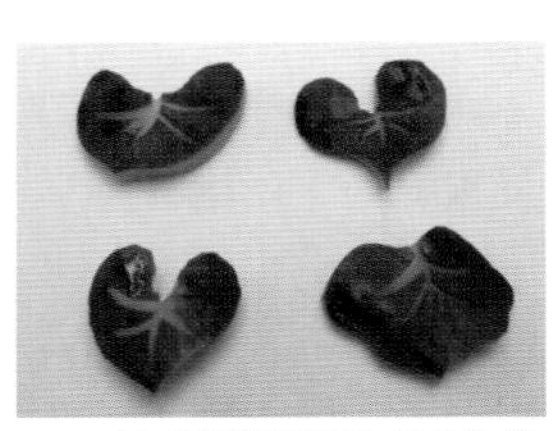
20 絲瓜葉子完成樣式

21 用三秒膠將絲瓜交叉黏起來

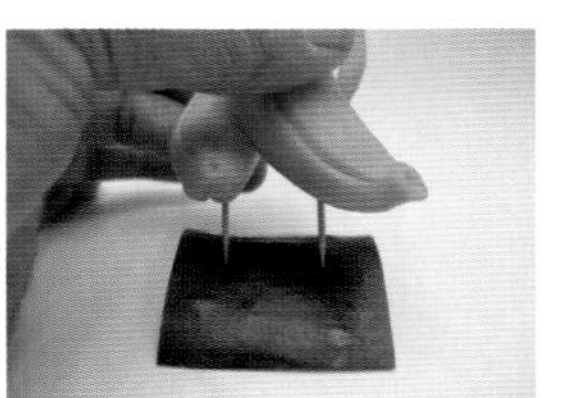
22 用牙籤將絲瓜固定在底座上

Verse 5 → 竹藝◇花瓶

▼步驟分解

01 材料：大黃瓜 1/2 條、小黃瓜 1/2 條、紅蘿蔔 1/2 條

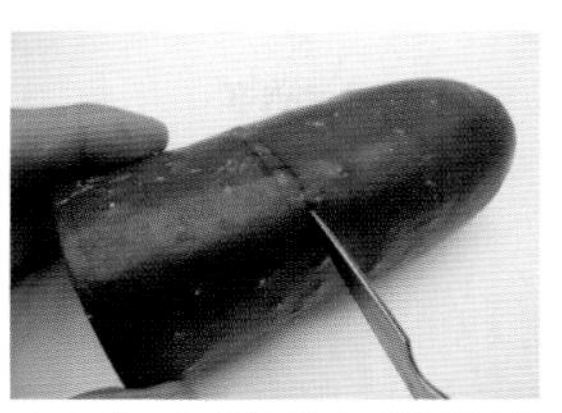
02 在大黃瓜上雕刻出竹節

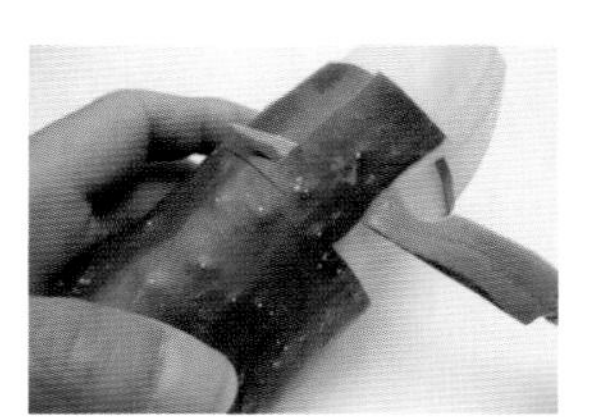
03 切除竹節部分以外的大黃瓜皮

04 竹子完成樣

05 斜切掉竹子的上面部分

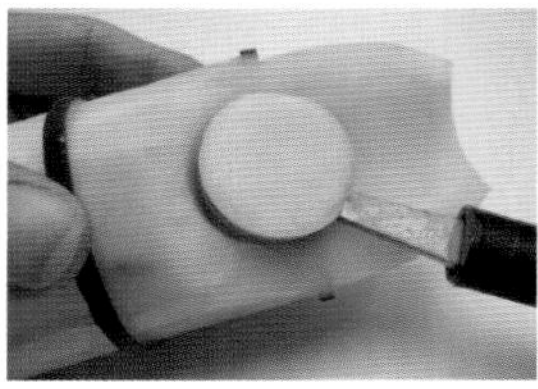
06 用挖球器挖出空間

07 用大黃瓜皮雕刻出竹葉

08 用三秒膠將竹葉黏接在竹節上

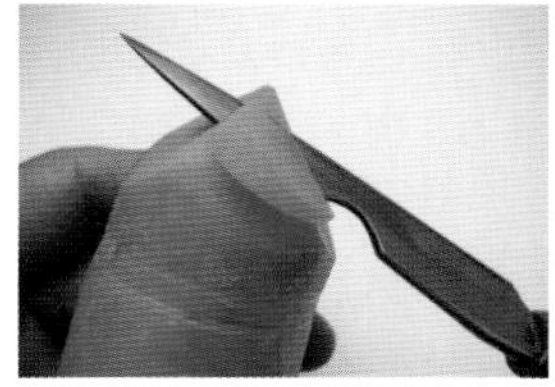
09 將紅蘿蔔削出五角形尖頭

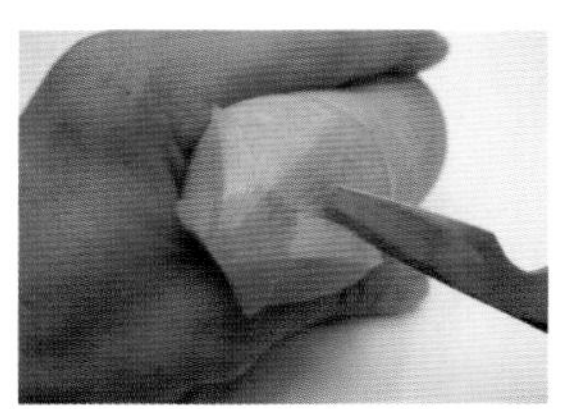
10 往尖頭的方向切出花瓣

11 五朵小花完成

12 用牙籤穿入小花底部

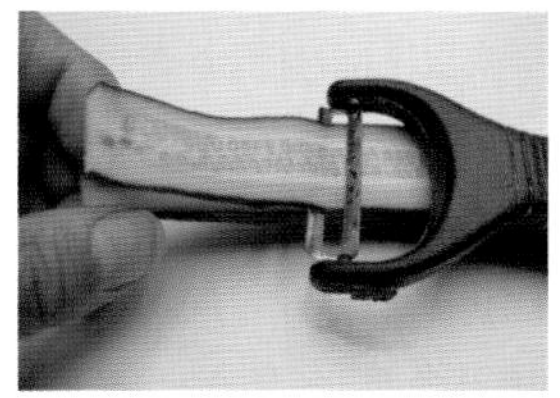
13 用削皮器削出小黃瓜薄片擺盤使用

Verse 6 → 帆◇船

▼步驟分解

01 材料：紅蘿蔔 0.5cm 厚 1 塊、小黃瓜 2 條、牙籤、竹籤

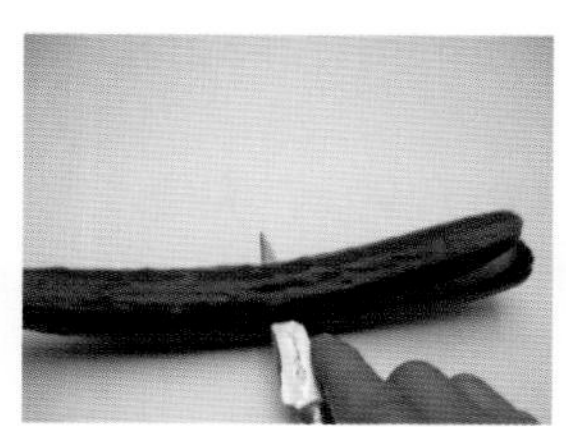

02 以切片方式切除小黃瓜上方部分

03 分成風帆與船身

04 切除小片船身底部位置

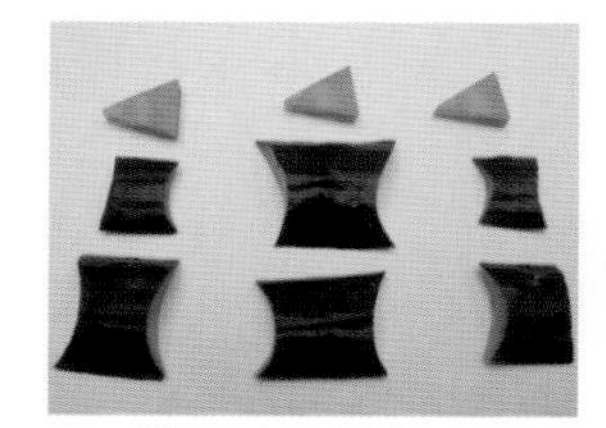

05 將風帆形狀切割出來，並用紅蘿蔔切出 3 塊三角旗

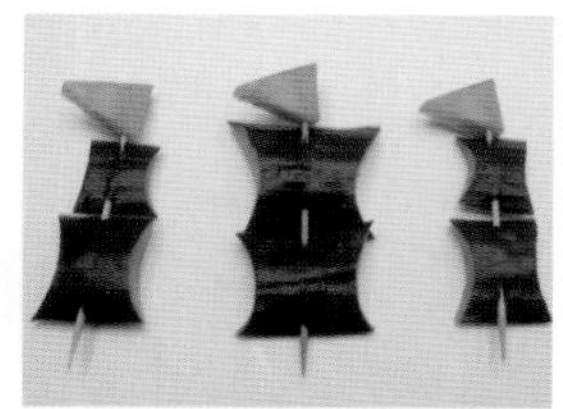

06 將風帆與三角旗用竹籤串起來

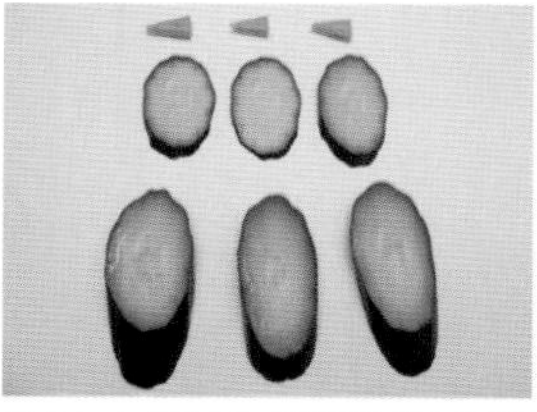

07 小黃瓜斜切出三長三短的薄片，並用紅蘿蔔切出 3 塊小三角旗

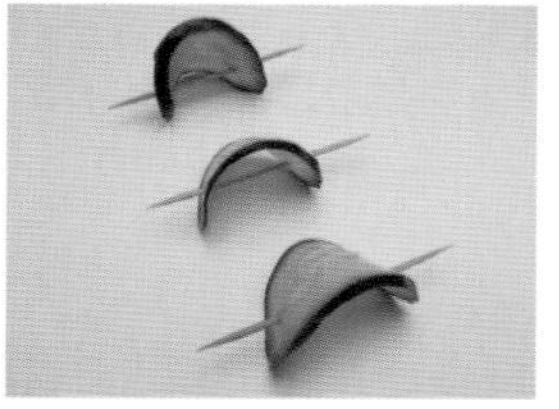

08 用牙籤將短薄面從頭尾穿過

一、是非題

( ) 1. 香蕉以外形完整、表皮無刮痕、蒂頭緊連呈淡黃色且有天然果香味者為最佳。

( ) 2. 蔬果雕刻只是裝飾用途，不供食用，所以即使食材已不新鮮，還是可以拿來盤事裝飾。

( ) 3. 磨刀時，磨刀石下方需以溼布墊著，避免滑動。

( ) 4. 生芋頭是最佳的圍邊素材之一。

( ) 5. 不可生食的蔬果雕刻，不宜與菜餚直接接觸。

( ) 6. 菜餚餐盤裝飾，首先要美觀，衛生次之。

( ) 7. 將雕刻好的成品泡冰水冷藏，能抑制細菌生長。

( ) 8. 雕刻工具使用完畢以清水洗淨，並以乾布擦拭後妥善收藏，可避免生鏽及損傷刀刃。

( ) 9. 荷蘭豆宜選購外形飽滿、色澤亮麗、大小均勻、無斑點、無蟲蛀且色澤呈現鮮綠色的。

( ) 10. 盡量以蔬果本身的顏色來裝飾，避免使用人工色素及染劑。

( ) 11. 哈密瓜宜選購果形歪斜、有蟲蛀、有斑痕、蒂頭脫落的。

( ) 12. 學習蔬果雕刻須具有耐心、專心、小心。

二、選擇題

( ) 1. 磨刀具時，刀鋒與磨刀石的摩擦角度應呈平行，且應注意其 (1) 高度 (2) 密合度 (3) 平行度 (4) 隨個人喜好。

( ) 2. 為了使飲品外觀更亮麗應 (1) 加入水果 (2) 加上裝飾物 (3) 加入蔬菜 (4) 加入色素。

( ) 3. 五金餐具行所賣的木薄片刀是整包的，若沒有用到那麼多，可至市場的 (1) 蔬菜攤 (2) 豬肉攤 (3) 海鮮攤 (4) 生魚片攤　購買，較經濟實惠。

( ) 4. 柳橙的選購以何者為佳？ (1) 鬆軟、呈深橘色 (2) 厚重、蒂頭緊連、呈橘黃色 (3) 表皮有斑點、無光澤 (4) 便宜就好。

( ) 5. 切雕蘋果盅前，應以牙籤 (1) 輕劃表皮 (2) 劃破表皮 (3) 挖出凹洞 (4) 插做記號　再以雕刻刀順著線條切雕。

( ) 6. 蒟蒻板可至 (1) 超級市場 (2) 文具行 (3) 五金行 (4) 麵包店購買。

( ) 7. 波浪刀主要功用是將食材切割成 (1) 圓弧狀 (2) 尖形狀 (3) 波浪狀 (4) 鋸齒狀。

( ) 8. 檸檬的選擇以外表呈青綠色、有光澤，外形 (1) 頭大尾小 (2) 凹凸形 (3) 表皮有斑點裂痕 (4) 橢圓形者　為最佳。

( ) 9. 各式瓜果碟形，放入鋁箔紙的用意是？ (1) 避免沾醬變味 (2) 避免沾醬流出 (3) 避免瓜果肉變味 (4) 美觀。

( ) 10. 水果雕刻的整體呈現，應是從造形及外觀上挑逗人的 (1) 味覺、視覺 (2) 聽覺、味覺 (3) 嗅覺、聽覺 (4) 以上皆是。

( ) 11. 精雕細琢的蔬果雕刻成品伴隨佳餚可增進 (1) 彼此間友誼 (2) 視覺與用餐情趣 (3) 價位提高 (4) 造型好看。

( ) 12. 蔬果盤飾之原則為，不論盤的大小，皆以四分之為裝飾盤飾的空間，且需避免 (1) 畫龍點睛 (2) 喧賓奪主 (3) 盡量排入 (4) 可裝飾、可不裝飾。

MEMO

CHAPTER 4

中級蔬果雕刻應用教學

Verse 1 → 起家◇公雞

▼步驟分解

01 材料：大黃瓜 1/3 條、紅蘿蔔 2 條

02 切出長方形厚塊狀，並在長邊刻劃出 3 等分記號

03 斜切 2 面短邊的左、右 2 個角

04 切出頭部的位置及基本形狀

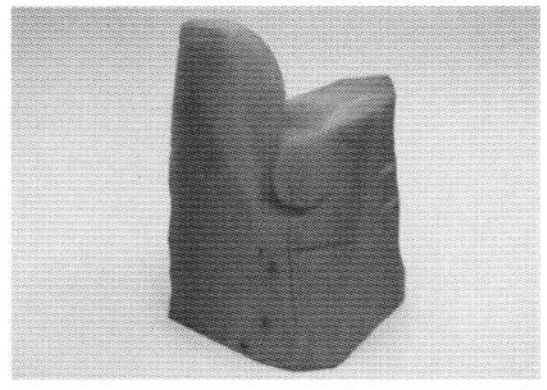
05 切出翅膀的肌肉線條

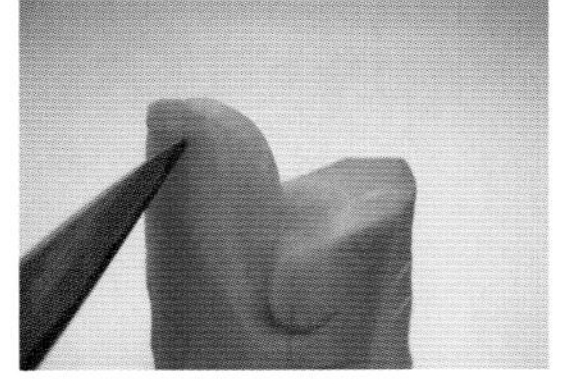
06 雕刻臉部與雞喙間的線條

07 雕刻出上雞喙的形狀

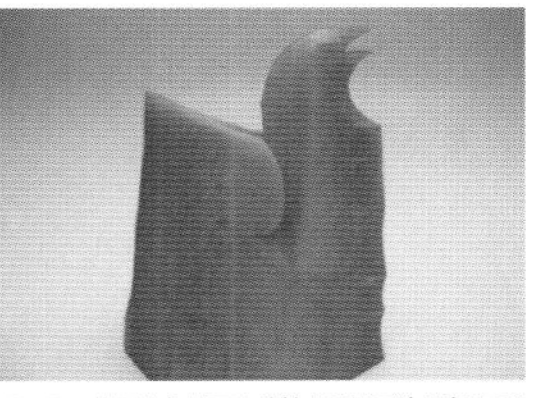
08 切出下雞喙到脖子之間的弧形

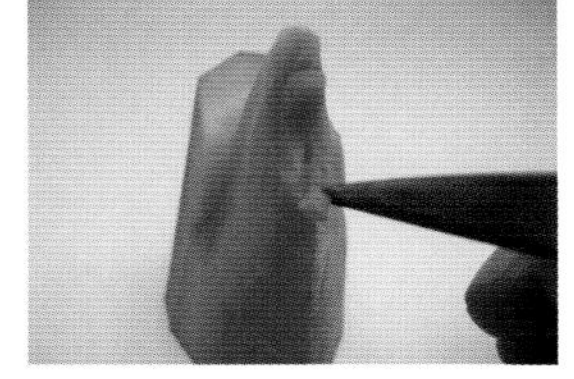
09 在下巴切出一個倒 V 字形

10 雕刻肉髯的形狀

11 雕刻胸部到底座的形狀

12 切出雞喙到後頸的線條

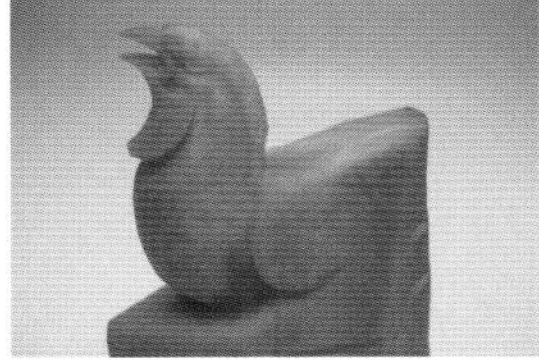
13 將眼睛及眼睛附近的線條雕刻清楚

14 切出尾部及翅膀的位置及基本形狀

15 雕刻翅膀的形狀

16 切出大腿的曲線

17 切除兩腿中間的廢料

18 雕刻出爪子的形狀與細節

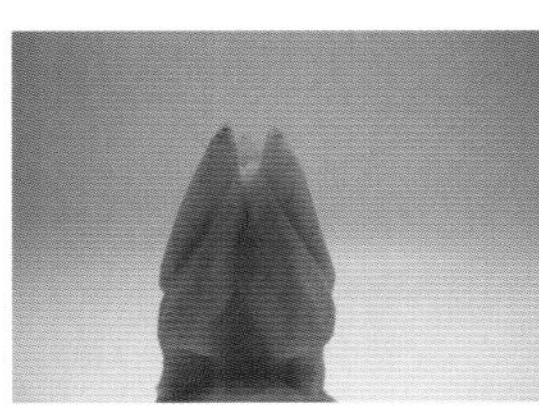
19 修飾尾部細節

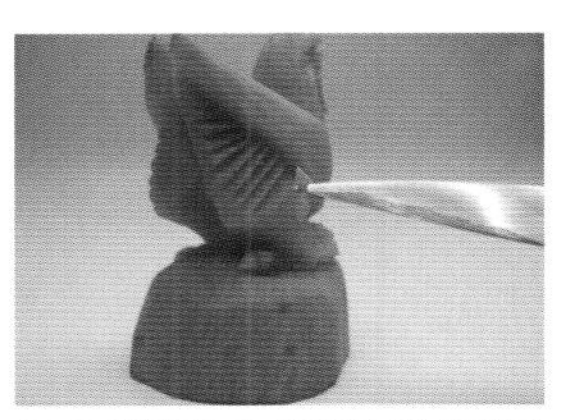
20 雕刻大腿羽毛的層次

21 用 U 形鑿刀雕刻翅膀羽毛前端的紋路

22 雕刻翅膀尾端的羽毛紋路

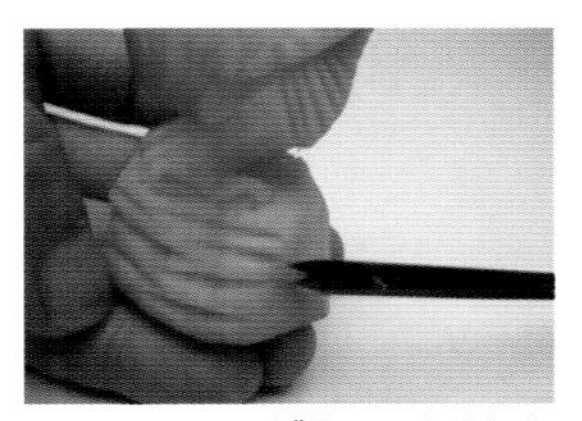
23 用 V 形鑿刀雕刻岩石層次

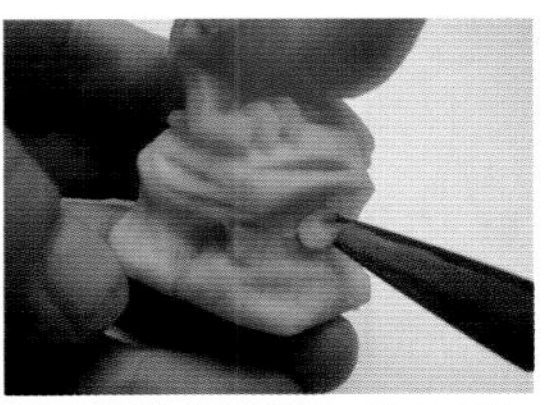
24 雕刻出岩石的洞孔

25 切出尾部大羽毛

26 切出雞冠的形狀

27 用三秒膠黏接雞冠及尾部大羽毛

Verse 2 → 富貴◇豬

▼步驟分解

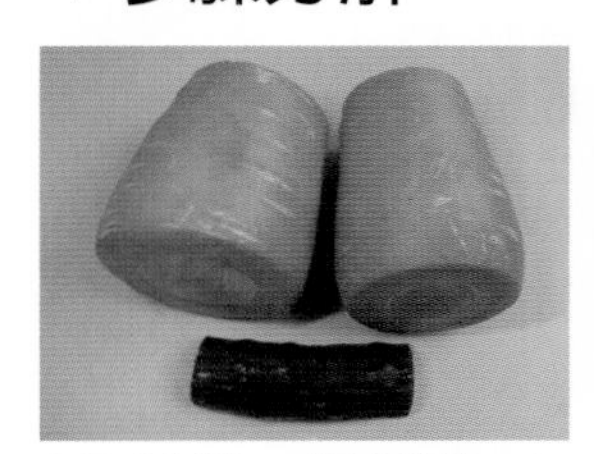

01 材料：紅蘿蔔 1/2 條、小黃瓜 1/2 條

02 切出長方形紅蘿蔔塊

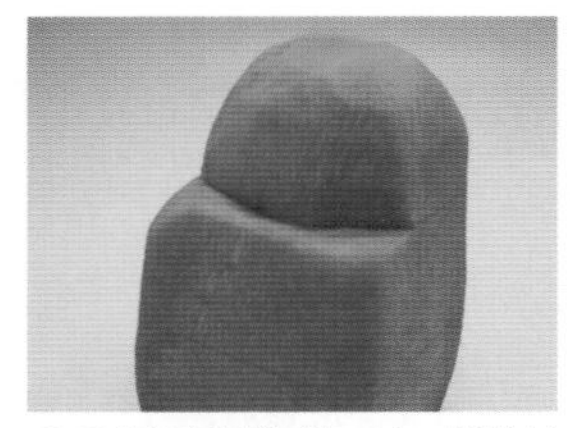

03 蘿蔔塊的 1/3 切出頭部的基本形狀

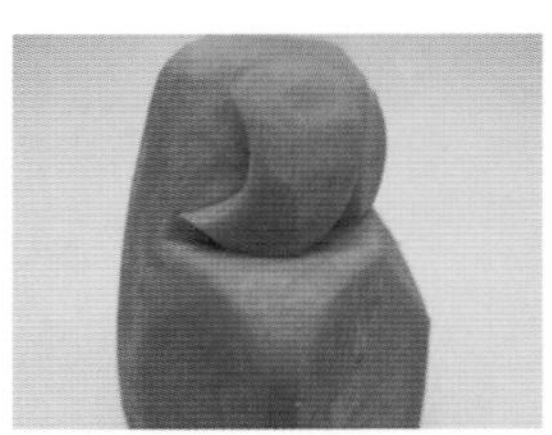

04 雕刻出兩側耳朵

05 雕刻眼睛、鼻子的基本位置及形狀

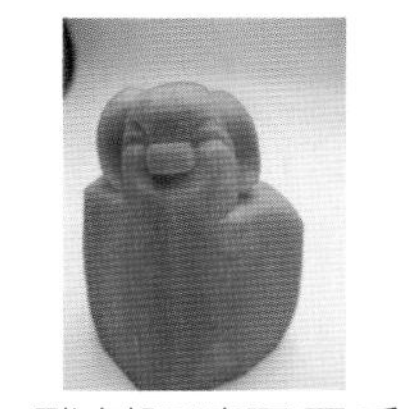

06 雕刻眼睛及眉毛

07 雕刻法令紋

08 雕刻上嘴唇

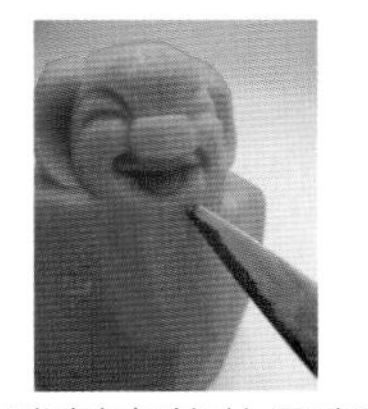

09 雕刻完整的唇部

10 雕刻下巴線條，並修整嘴唇四周的紋路

11 切出手臂肌肉線條

12 雕刻腹部形狀及切出雙腿基本形狀

13 修飾右手臂線條

14 雕刻右前腿肌肉線條以及豬蹄

15 雕刻右臀及右後腿的肌肉線條

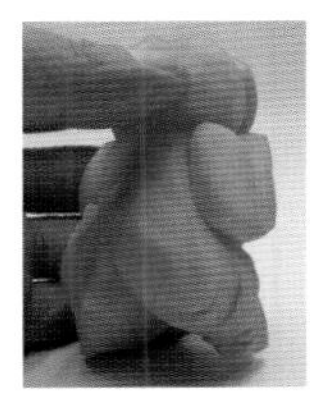

16 修飾背部線條及左腿前後的肌肉線條

17 修飾脖子與兩前蹄的肌肉皺褶線條

18 雕刻鼻孔

19 雕刻尾巴

20 用三秒膠黏接尾巴

21 切出 3 塊岩石底座

22 雕刻雨傘傘面，並以牙籤為握把

23 用大黃瓜皮切出小草

24 切小黃瓜片作為周邊裝飾

Verse 3 → 神仙◇魚

▼步驟分解

01 材料：白蘿蔔 1/2 條、小黃瓜 1 條、紅蘿蔔塊約 4cm 厚 1 塊

02 用約 2 公分厚的蘿蔔塊切出 2 隻神仙魚的雛形

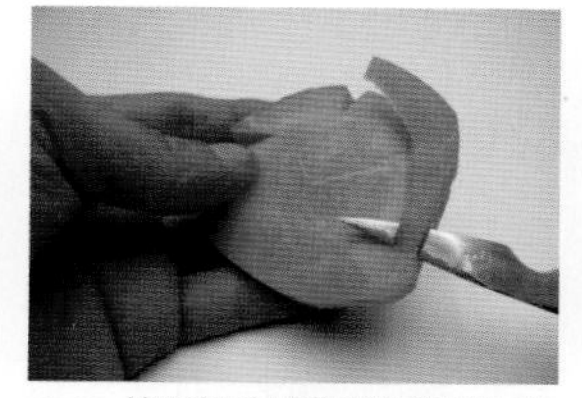

03 修飾身體到頭部的形狀

04 修飾尾部的形狀

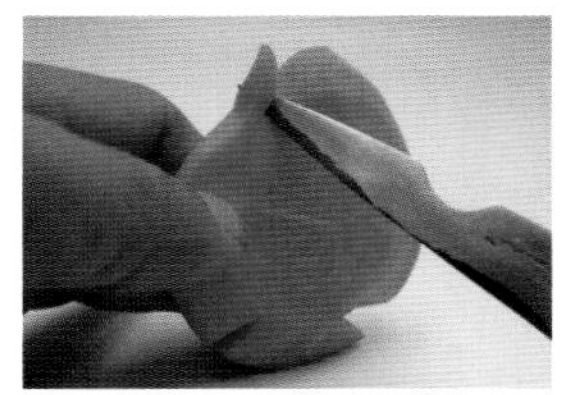
05 切出下巴的曲線

06 雕刻嘴巴的形狀

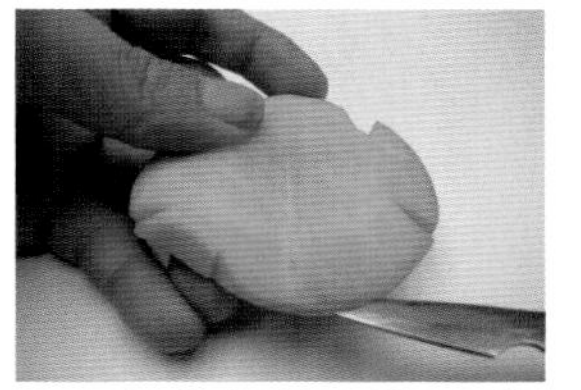
07 在腹部位置切 1 條淺凹槽

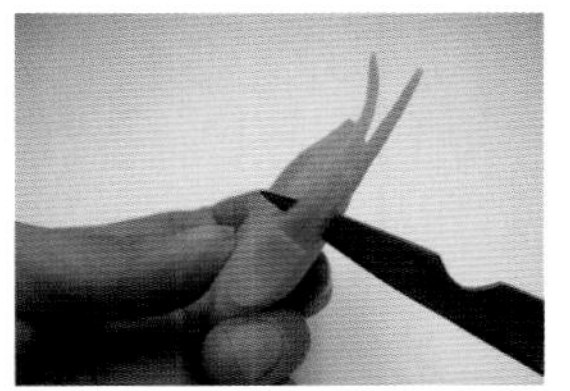
08 分割腹鰭與腹部

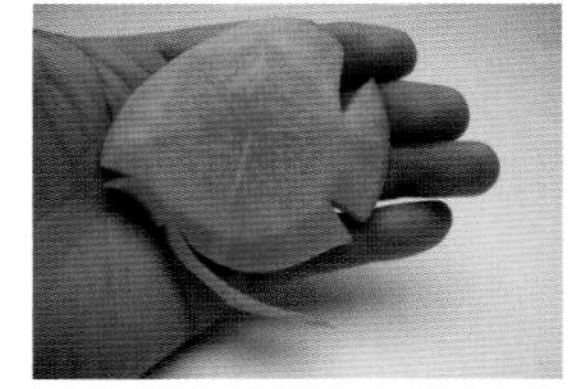
09 腹鰭切割完成圖示

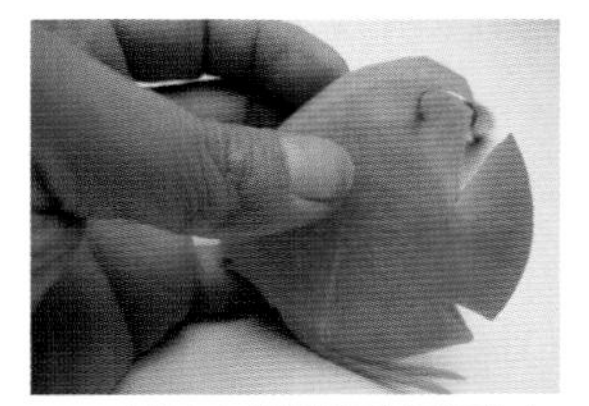
10 雕刻背鰭到尾鰭之間的線條

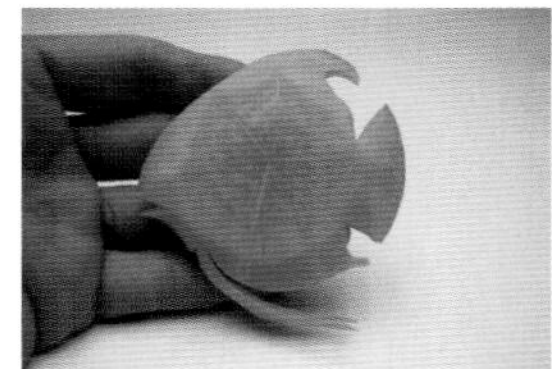
11 背鰭完成圖示

12 修飾下巴線條

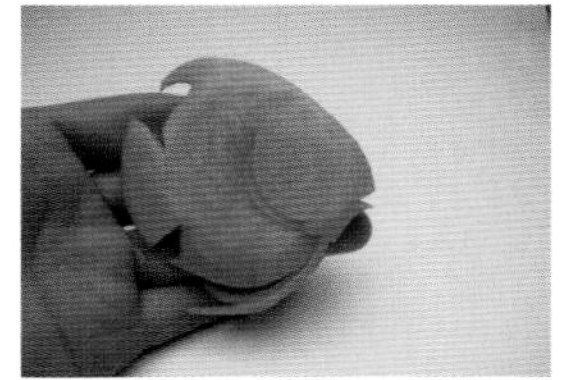
13 雕刻左側魚鰓線條

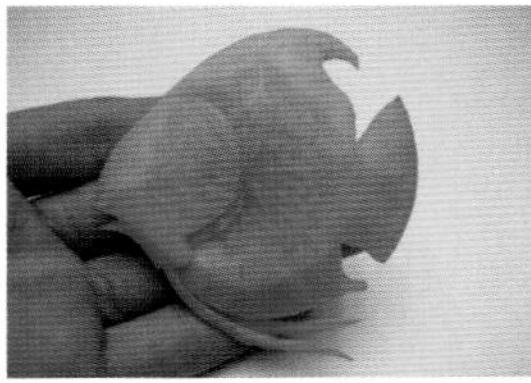
14 雕刻右側魚鰓線條

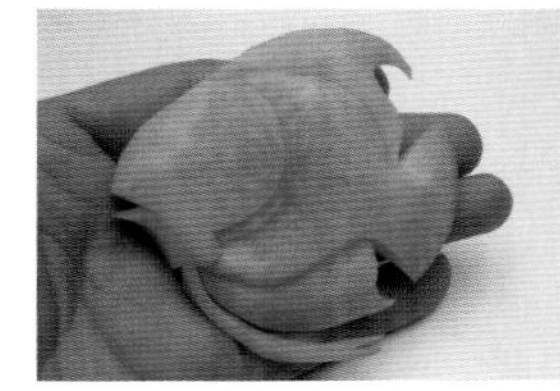
15 雕刻身體曲線

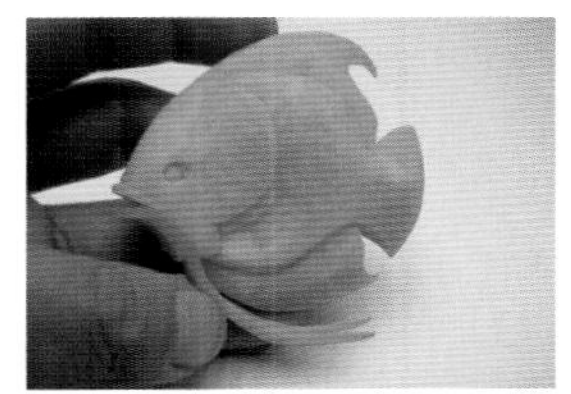
16 雕刻右側眼睛及嘴唇

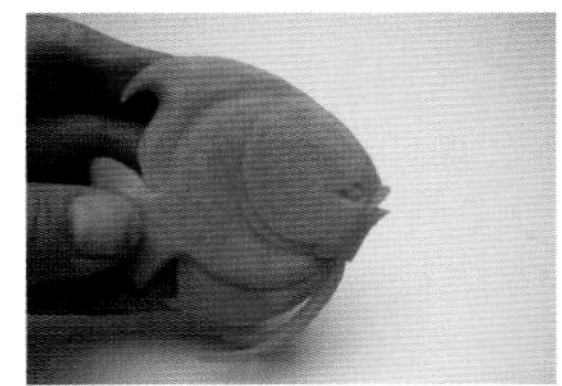
17 雕刻左側眼睛及嘴唇

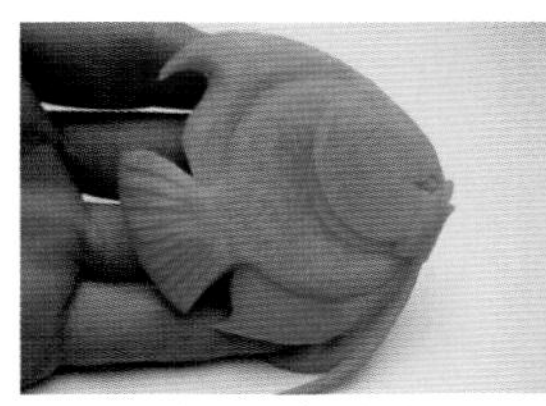
18 雕刻尾鰭紋路

19 雕刻右側背鰭與臀鰭的紋路

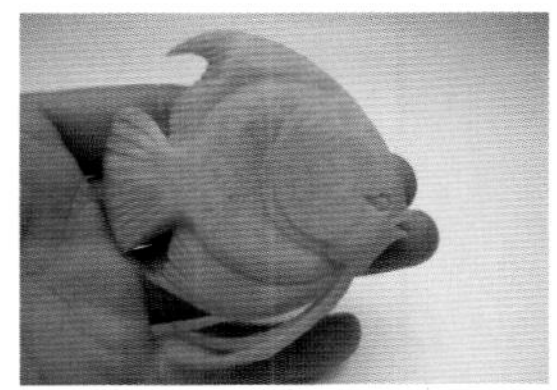
20 雕刻左側背鰭與臀鰭的紋路

21 雕刻魚鱗紋路

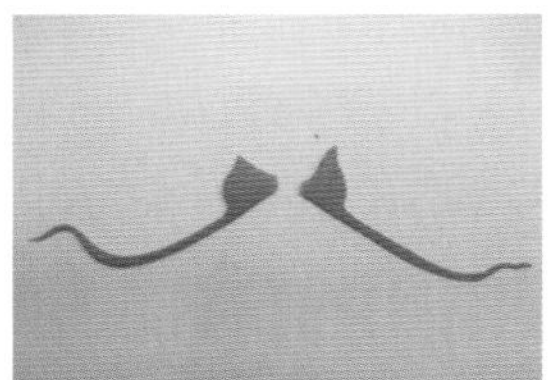
22 將兩胸鰭單獨雕刻出來

23 用三秒膠將胸鰭黏接上

24 切下小黃瓜皮

25 用小黃瓜皮雕刻出海草

26 用三秒膠將海草黏接在白蘿蔔雕刻而成的岩石上

Verse 4 → 吉祥◇金魚

▼步驟分解

01 材料：紅蘿蔔2條、茄子1/2條、小黃瓜1/3條

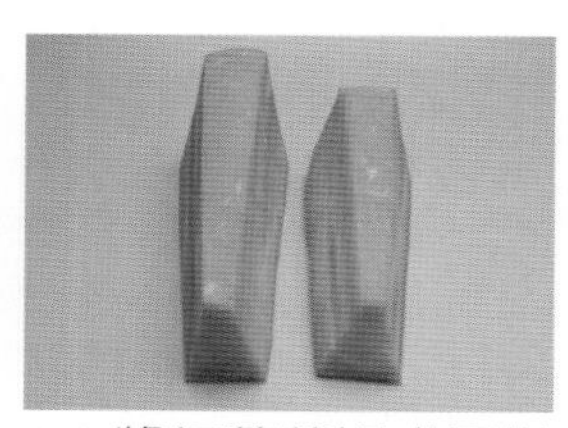

02 將紅蘿蔔切成長梯形塊

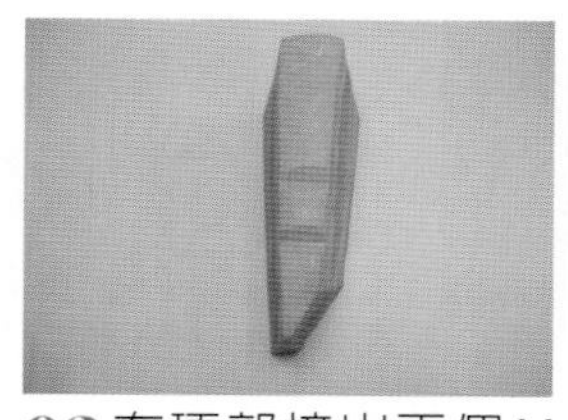

03 在頂部接出兩個V字形凹槽，並在尾端斜線一刀

04 頭、尾切成圓弧形

05 雕刻出嘴巴的形狀

06 切出尾巴與身體的基本形狀

07 切出背鰭的基本形狀

08 修掉尾巴的稜角及修飾形狀

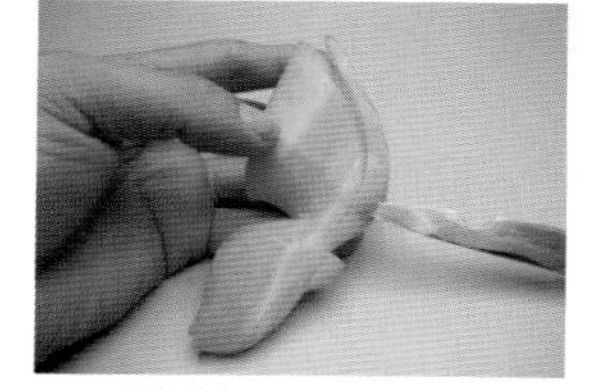
09 雕刻尾巴右側的分割線

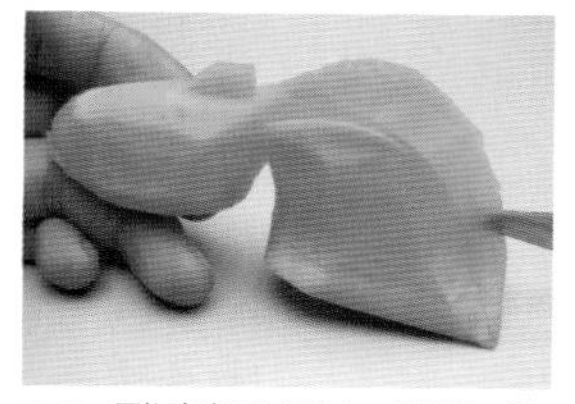
10 雕刻尾巴左側的分割線

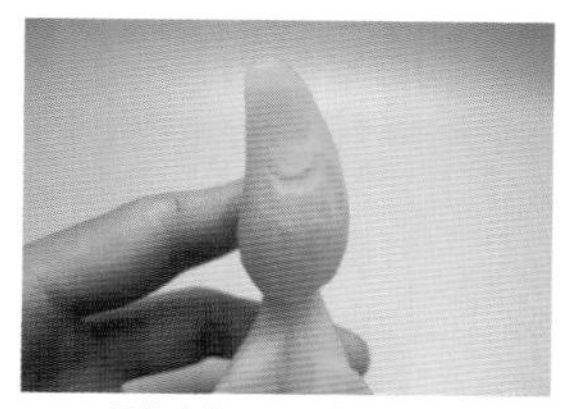
11 雕刻下巴線條

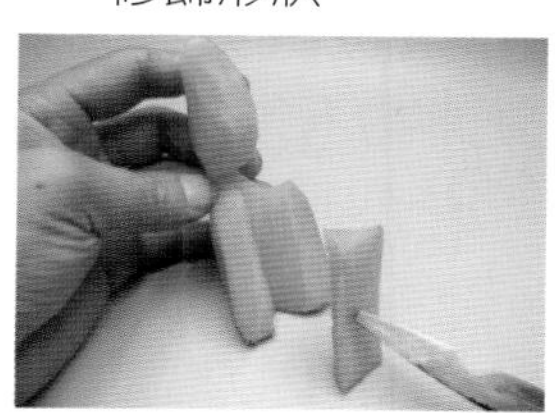
12 在尾巴底部切出 1 個 V 字形凹槽

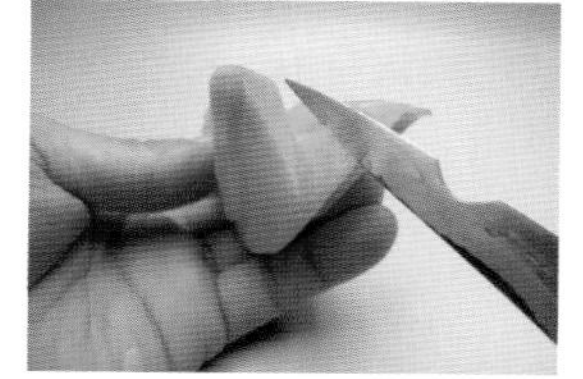
13 修飾尾巴內側的形狀

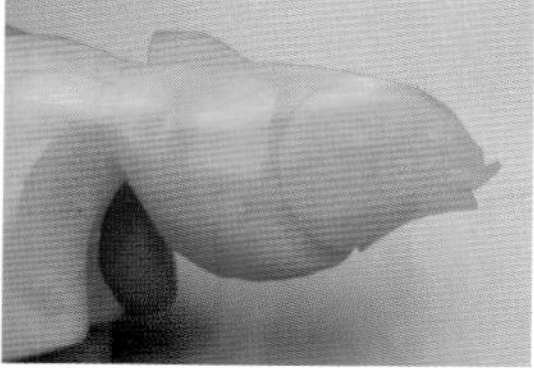
14 雕刻右側魚鰓及修飾頭部線條

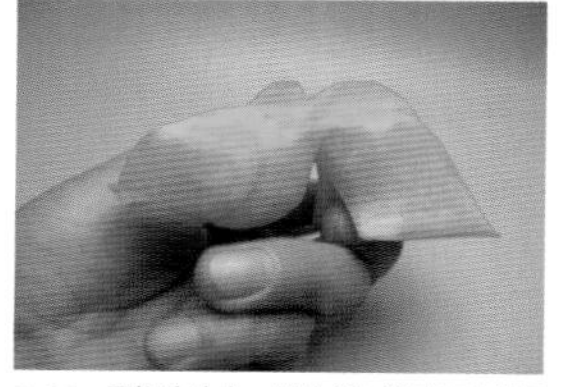
15 雕刻左側魚鰓及修飾頭部線條

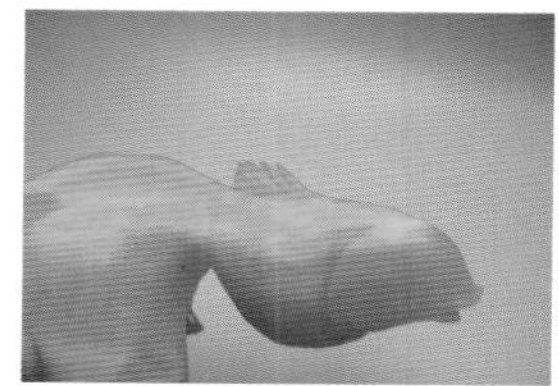
16 雕刻背鰭右側線條

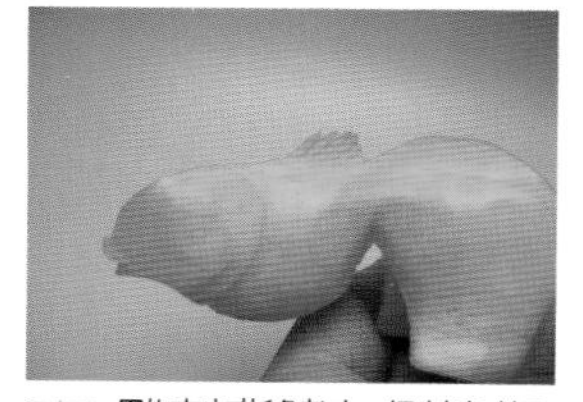
17 雕刻背鰭左側線條

18 雕刻尾巴流線線條

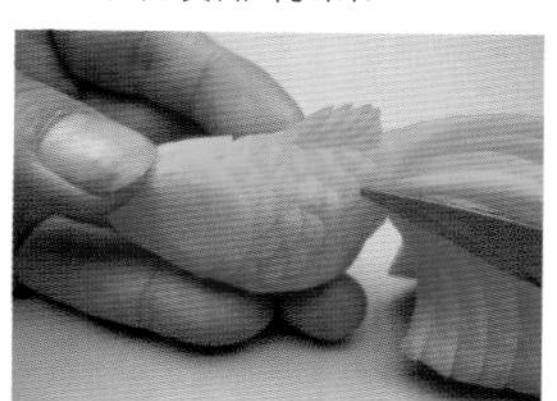
19 雕刻魚鱗

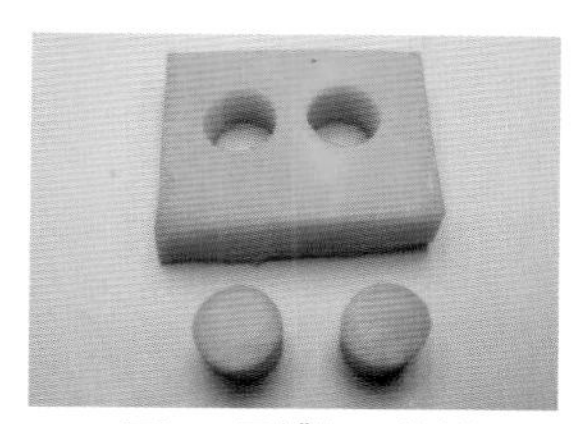
20 用 U 型鑿刀製作兩個圓柱體

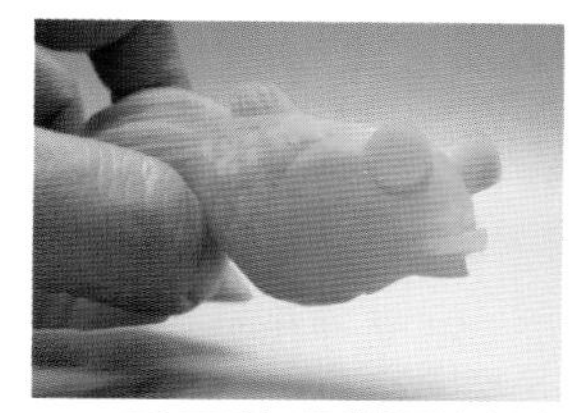
21 用三秒膠將圓柱體黏接在眼睛部位

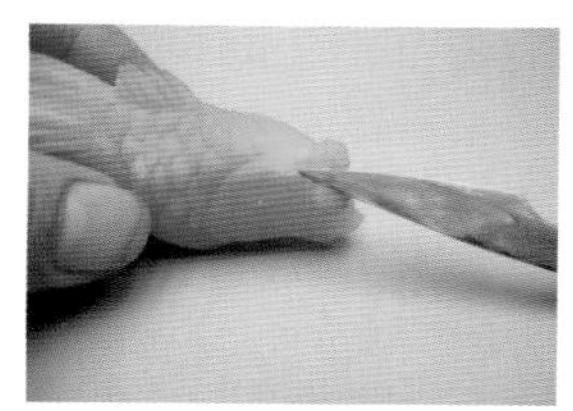
22 修掉眼睛的稜角

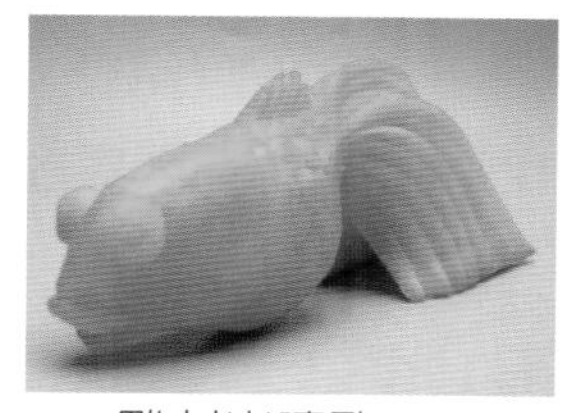
23 雕刻出瞳孔

24 雕刻 2 組腹鰭與臀鰭

25 用三秒膠黏接腹鰭與臀鰭

26 茄子以鋸齒刀法切開

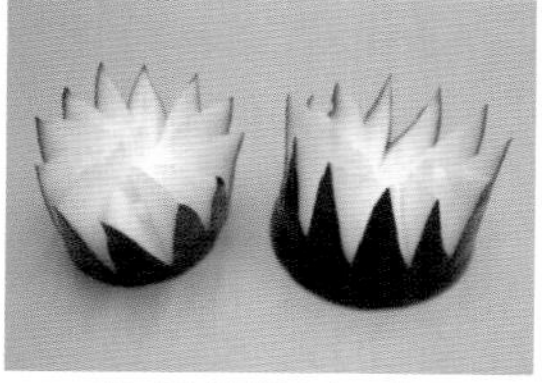
27 茄子切開完成圖示

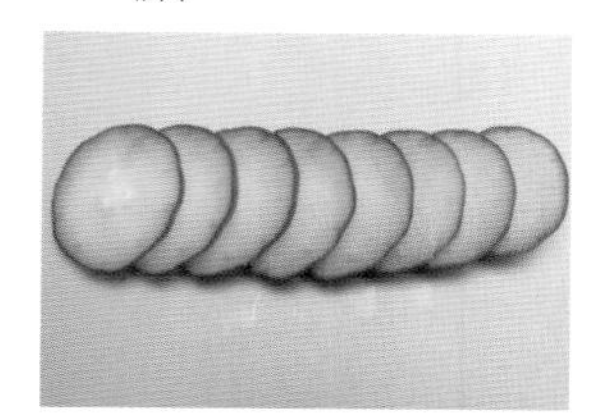
28 小黃瓜切薄片裝飾周邊

Verse 5 → 起伏◇海豚

▼步驟分解

01 材料：紅蘿蔔2條、白蘿蔔1條、大黃瓜1/3條

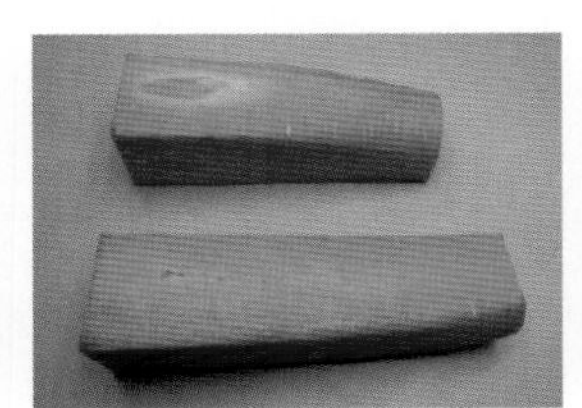

02 將紅蘿蔔切成長方形塊狀

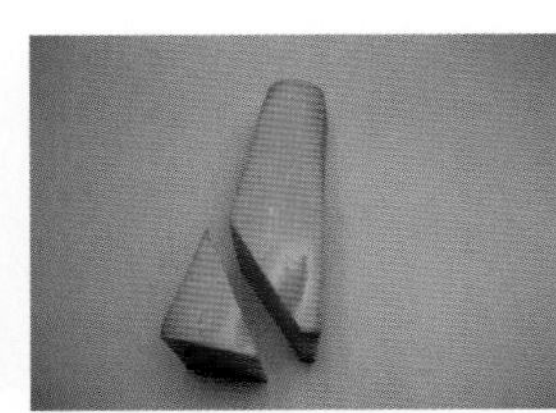

03 在較寬一端斜切一刀為頭部位置

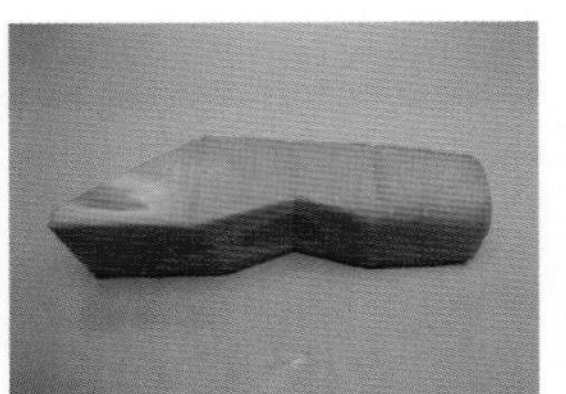

04 將蘿蔔塊分成四等分，並在中間切一倒V字形

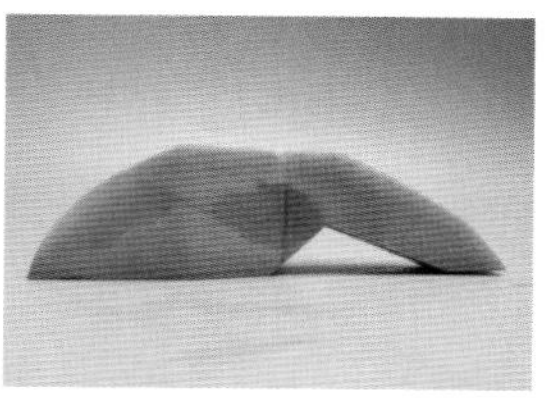
05 切出尾鰭的基本形狀

06 修飾尾鰭到背鰭的線條

07 切出腰身曲線

08 修飾頭部到背鰭的線條

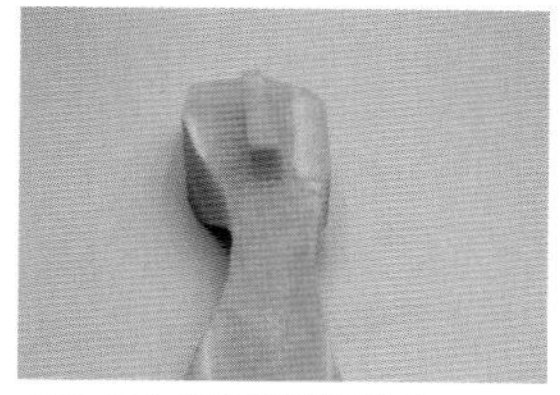
09 完成尾鰭形狀

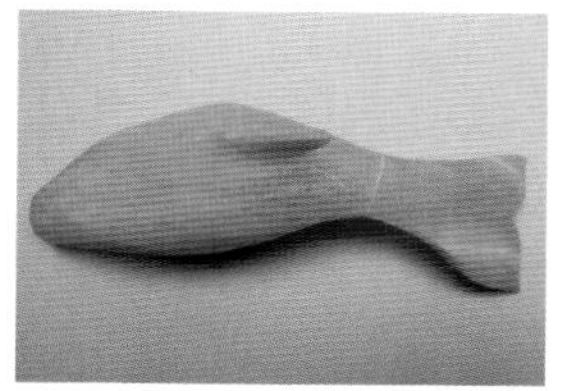
10 修飾身體形狀讓身體曲線更圓滑

11 修飾背鰭形狀

12 修飾頭部形狀

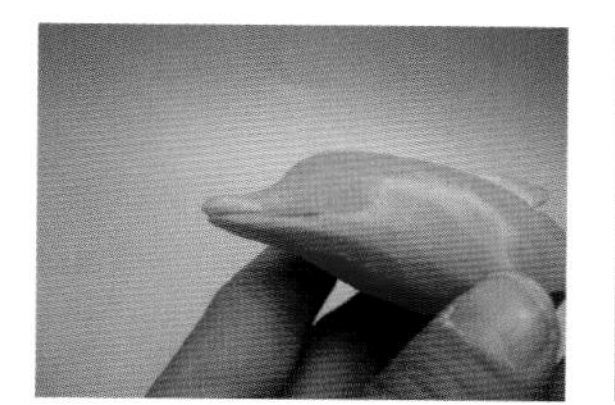
13 雕刻嘴巴線條

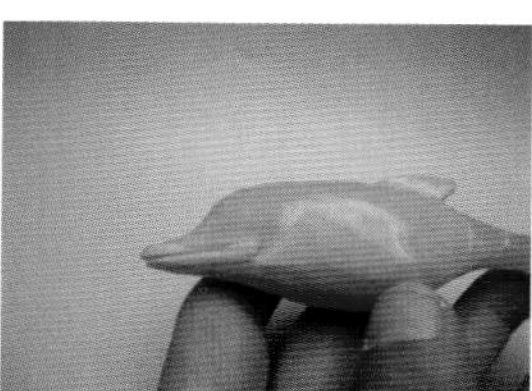
14 雕刻兩側嘴角線條

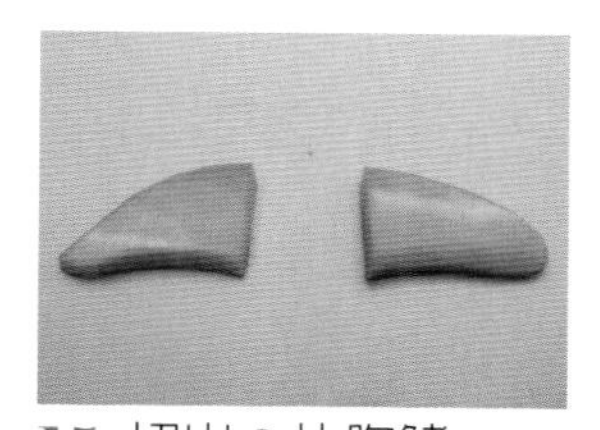
15 切出 2 片胸鰭

16 用三秒膠將胸鰭黏接到海豚身體，並完成眼睛部位

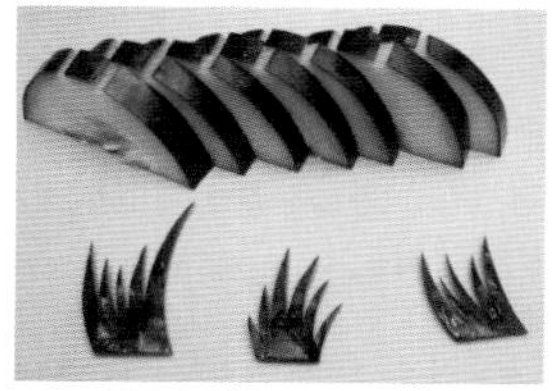
17 將大黃瓜皮切成小草，剩餘的大黃瓜切片

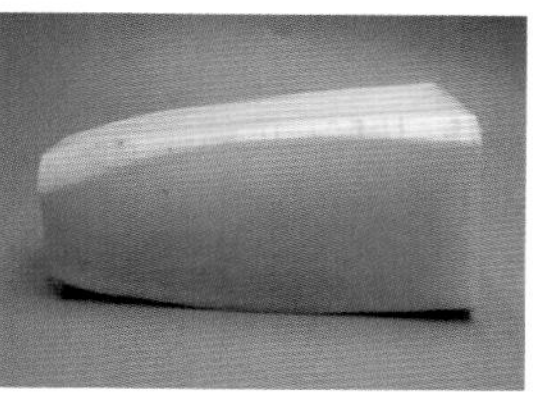
18 白蘿蔔切成長方形塊狀

19 在 1/3 處斜切一刀

20 用 U 型鑿刀在白蘿蔔上刻出海浪紋路

Verse 6 → 儲蓄◇松鼠

▼步驟分解

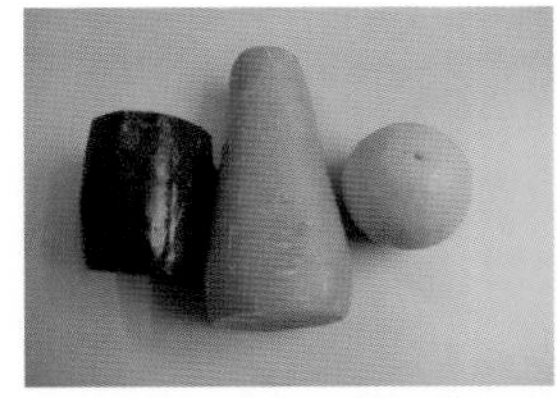

01 材料：大黃瓜 1/3 條、紅蘿蔔 1 條、香吉士柳丁 1 顆

02 將紅蘿蔔切割成長方形

03 在 1/3 處斜切一刀

04 將 2 塊紅蘿蔔的斜邊黏接起來

05 在短邊斜切一塊

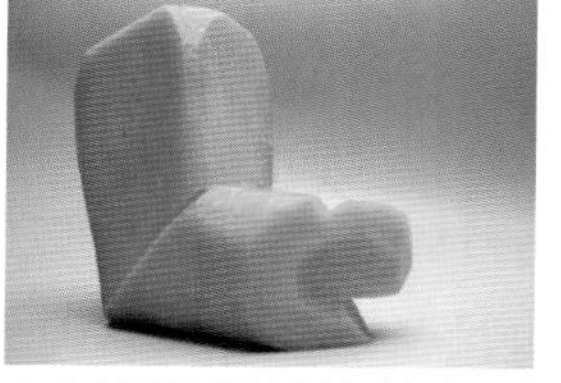
06 切出頭部的基本形狀

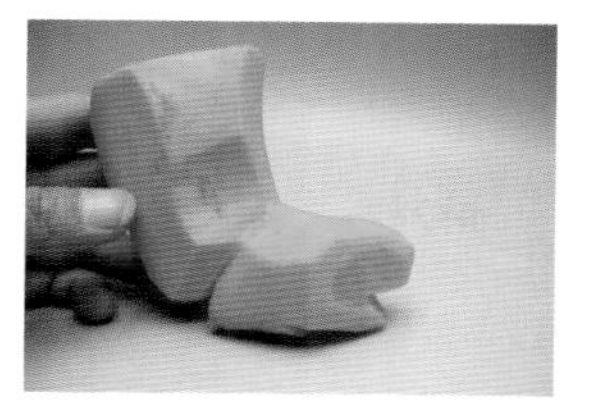
07 切出身體到尾巴的基本形狀

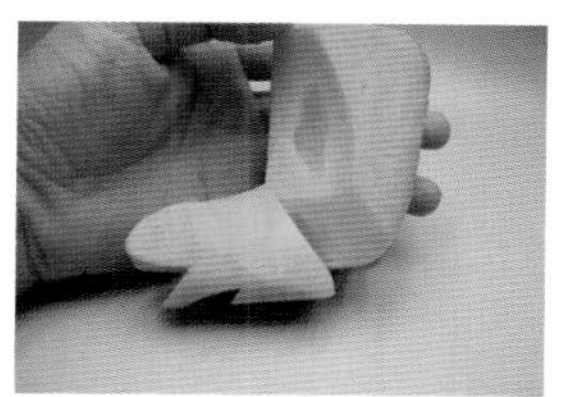
08 切出四肢的位置及基本形狀線條

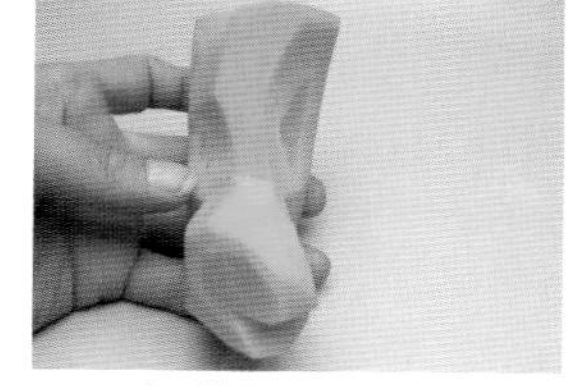
09 完成尾巴的基本形狀

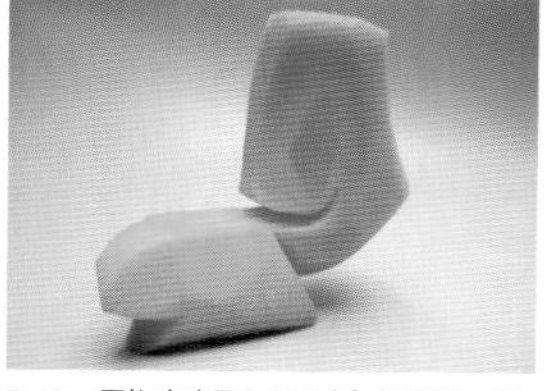
10 雕刻尾巴前端的曲線

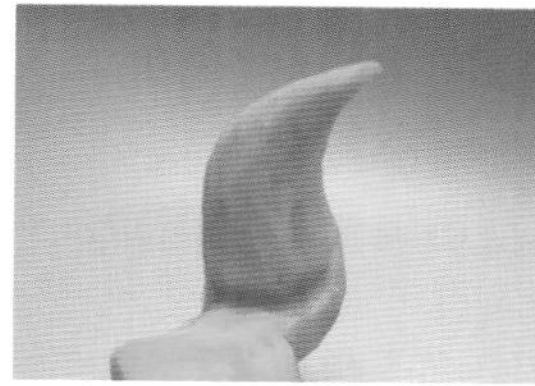
11 修飾尾巴的形狀

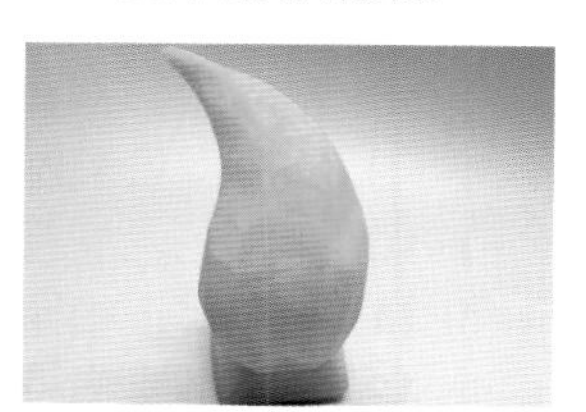
12 修飾尾巴的稜角讓尾巴更圓潤

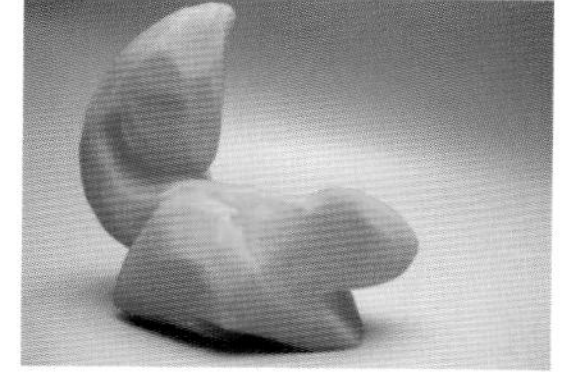
13 修飾脖子的線條

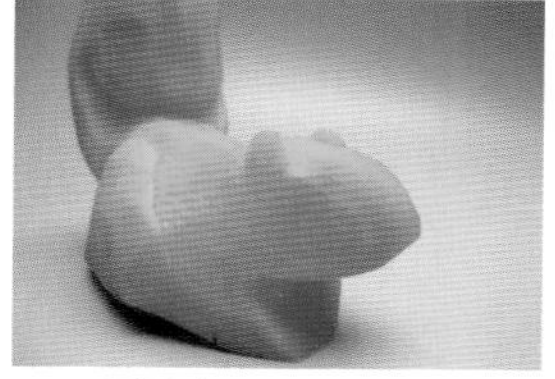
14 雕刻耳朵

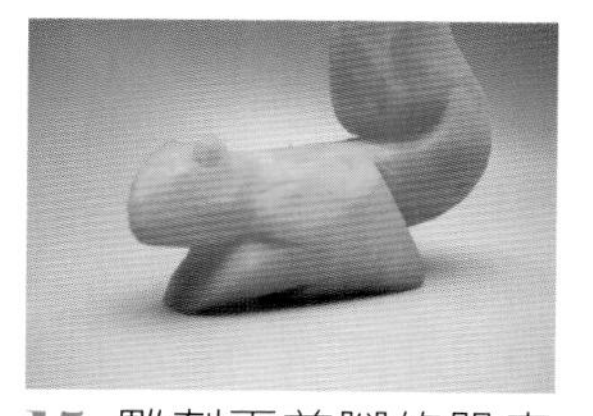
15 雕刻兩前腳的肌肉線條

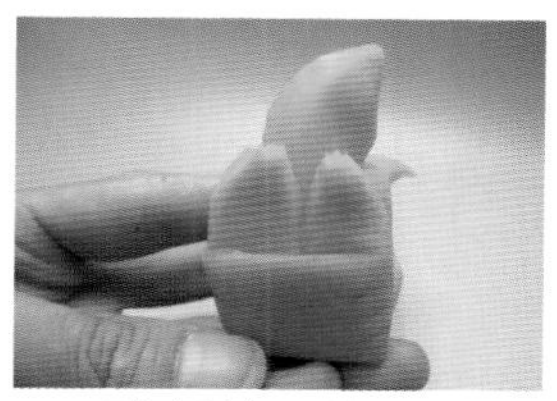
16 雕刻前腳的形狀

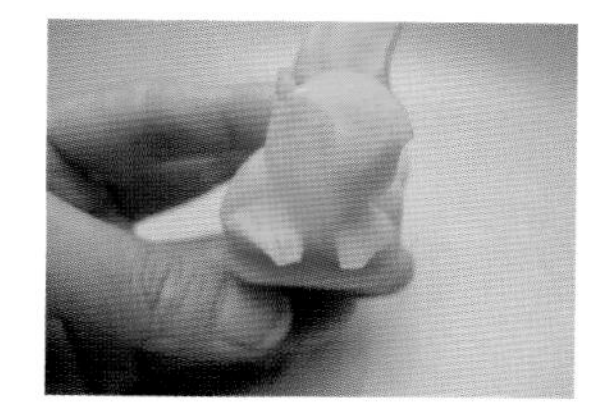
17 雕刻前腳爪子的線條

18 雕刻右側後腿的肌肉線條

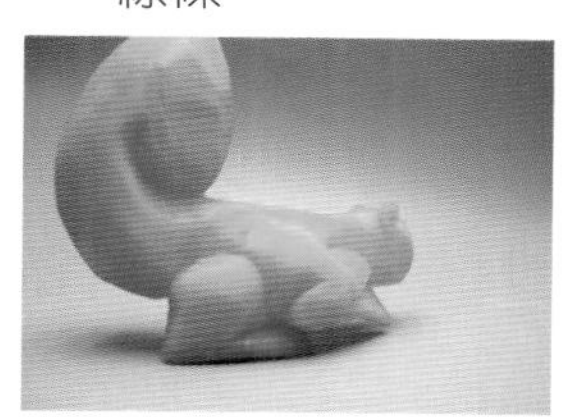
19 雕刻左側後腿的肌肉線條

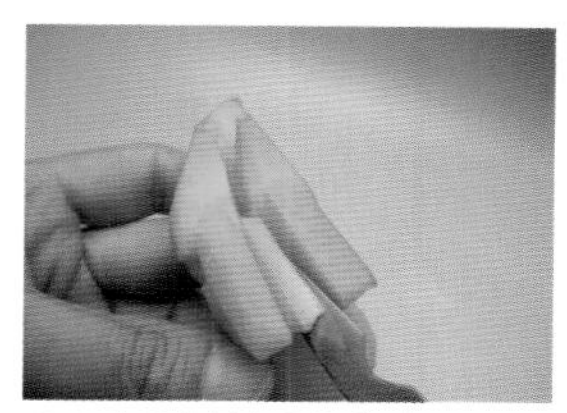
20 切割後腳底部中間部分

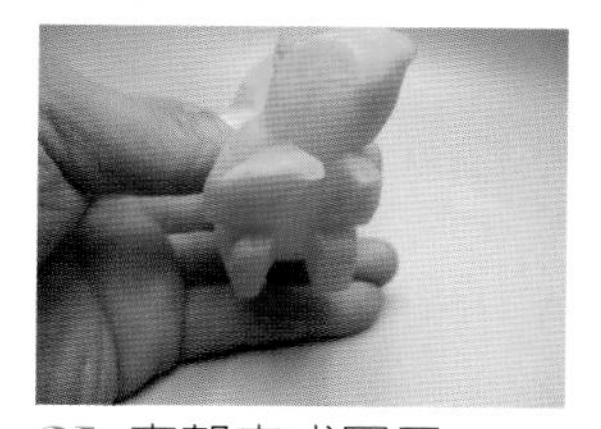
21 底部完成圖示

22 雕刻尾巴曲線

23 尾巴曲線完成圖示

24 雕刻臉部線條及口、鼻、眼睛

25 雕刻四肢上的裝飾紋路

26 用大黃皮刻出鬍鬚，並用三秒膠黏接在松鼠臉部

27 用大黃瓜雕刻出小草與底座

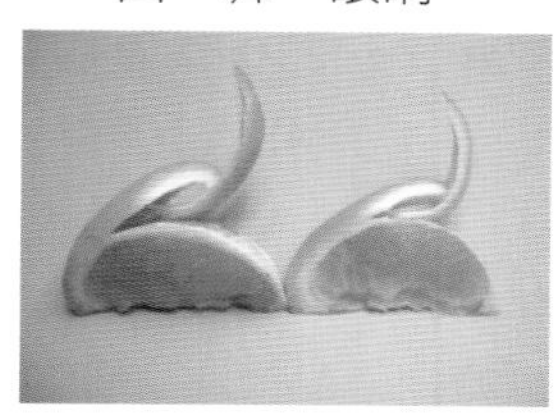
28 柳丁雕刻單耳造型

自我評量

一、是非題

( ) 1. 波浪刀主要的作用是將食材切出鋸齒狀。
( ) 2. 葡萄以大小均勻、果身呈紫黑色、散發葡萄芬芳果香者為佳。
( ) 3. 大黃瓜宜選購兩端圓胖、表皮成黃白色、無蟲蛀及瓜身鬆軟者。
( ) 4. 因為番茄較軟，所以在製作番茄盅時勿用力壓切，以避免番茄變形。
( ) 5. 用大黃瓜表皮雕刻小草時，不必先用牙籤在表皮上劃出小草外型，可直接以片刀隨心所欲的自由切割。
( ) 6. 挖球器的作用是將食材挖出四方形凹槽來做裝飾。
( ) 7. 選購火龍果時，應選果身飽滿完整、無蟲害、呈鮮桃紅色、葉片飽滿呈綠色者。
( ) 8. 水果雕刻首重配色，須以搭配不同顏色，所以果皮以 4 ～ 6 種為佳。
( ) 9. 以荷蘭豆夾做雕刻材料，須保持豆莢外形完整，不用撕除蒂頭及粗纖維，切雕好後即可擺盤。
( ) 10. 選購巴西里時，宜選葉子顏色青綠、無光澤、無蟲蛀及葉子茂密者。
( ) 11. 白蘿蔔在臺灣的盛產季節為冬季。
( ) 12. 蔬果雕刻所使用的工具是以雕刻刀為主。

二、選擇題

( ) 1. 在雕刻蔬果時，雕刻刀的拿正確握法是？ (1) 握筆的方式 (2) 握片刀的方式 (3) 握毛筆的方式 (4) 隨興無所謂。
( ) 2. 杯飾是指將各種瓜果以雕刻刀切雕出 (1) 不同形狀樣式 (2) 瓜果形狀 (3) 圓形、正方形 (4) 長條形、三角形　後串插於杯緣。
( ) 3. 蔬果切雕是利用常用的蔬果食材切雕後再進行 (1) 排列、組合、配合 (2) 烹調、調味、裝盤 (3) 切雕、燙水、配色 (4) 以上皆是。
( ) 4. 哪一類的菜餚經排盤裝飾後，可增加菜餚精緻度？ (1) 湯類 (2) 燴煮類 (3) 拼盤、熱炒類 (4) 以上皆可。
( ) 5. 葉菜類、根莖類在浸泡過程中，不可沾到 (1) 油或鹽分 (2) 各式澱粉類 (3) 小蘇打粉水 (4) 胡椒粉　否則材料會變軟腐壞。
( ) 6. 選擇水果盤的材料時，果皮、果肉配色應以 (1)1 ～ 3 種 (2)4 ～ 6 種 (3)5 ～ 8 種 (4)7 ～ 9 種　最恰當。
( ) 7. 鳳梨的選擇以外表顏色呈現頭青、尾黃，果形呈 (1) 歪斜 (2) 正圓形 (3) 圓筒形 (4) 頭大尾小　為最佳。
( ) 8. 水果類食材切雕好後應以 (1) 明礬水浸泡 (2) 蘇打水浸泡 (3) 鹽水浸泡 (4) 溼紙巾包裹　存放保鮮盒冷藏。
( ) 9. 就西餐擺盤來講，放置盤內的裝飾物 (1) 百分之九十 (2) 百分之六十 (3) 百分之三十 (4) 百分之百　皆可食。
( ) 10. 紅蘿蔔的菱形片是以 (1) 雕刻刀斜 45 度 (2) 波浪刀斜 45 度 (3) 片刀斜 45 度 (4) 水果刀斜 45 度　切割出來的。
( ) 11. 切雕木薄片時，先以長尺及鉛筆略做記號，再以雕刻刀切割，要將兩端捲起，須以 (1) 漿糊 (2) 三秒膠 (3) 訂書針 (4) 膠水　做為固定。
( ) 12. 西洋芹菜宜選購 (1) 新鮮厚重呈淡綠色 (2) 較輕者，表皮呈深綠色 (3) 頭部發黑有裂痕 (4) 表皮有斑點皺痕者。

CHAPTER 5

高級蔬果雕刻應用教學

Verse 1 → 龍祥◇如意

▼步驟分解

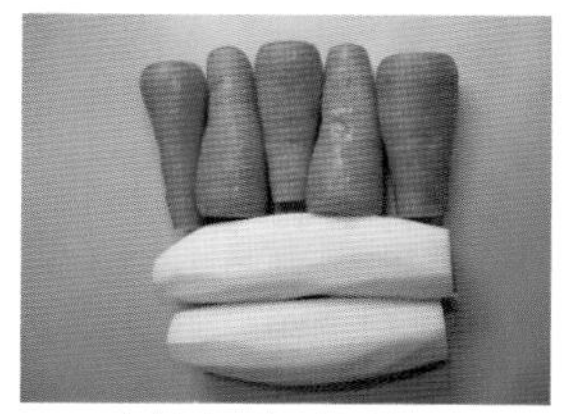
01 材料：紅蘿蔔 6 條、白蘿蔔 2 條

02 長方形紅蘿蔔塊依照比例切割出嘴、鼻及額頭的位置

03 雕刻出鼻子的形狀

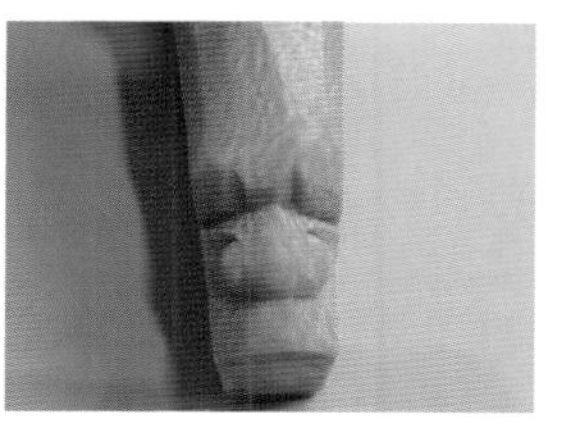
04 完成額頭及鼻子的部分

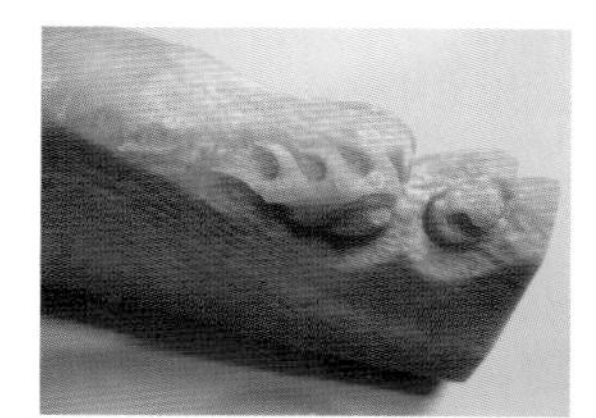
05 雕刻眼睛及眉毛

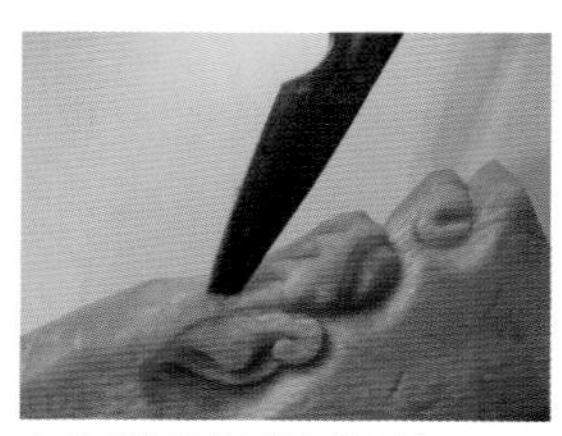
06 雕刻耳朵部分

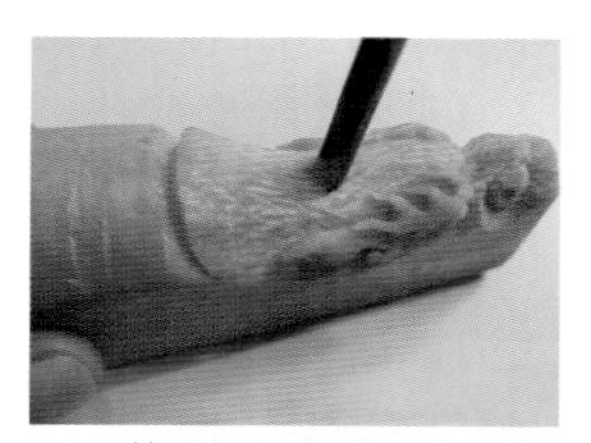
07 龍首中心位置，使用 U 形鑿刀雕刻出龍角的分割線

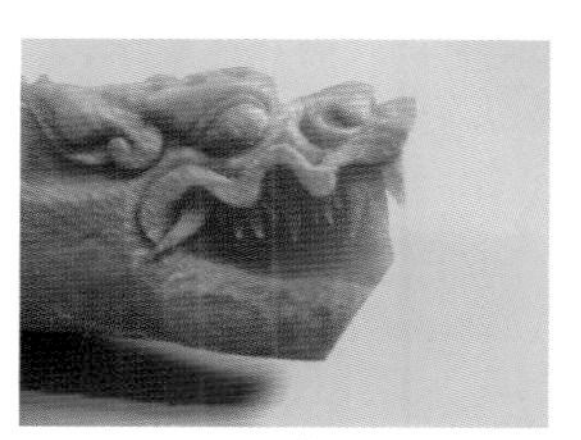
08 雕刻上嘴唇及上排牙齒

09 雕刻下嘴唇、下排牙齒及舌頭

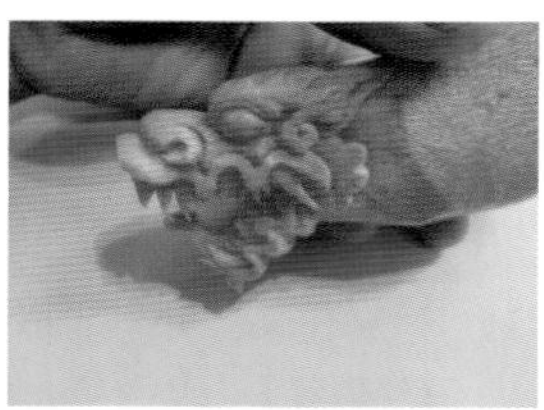
10 修飾並完成臉部的紋路

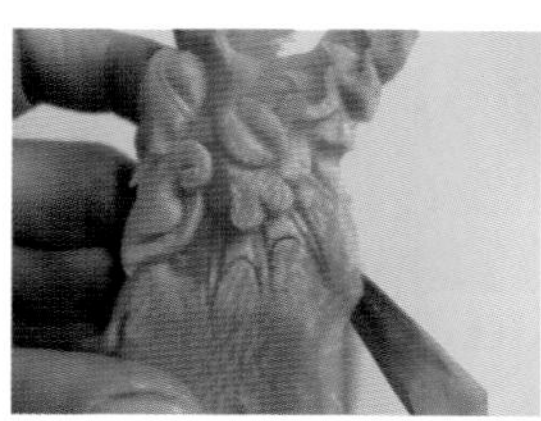
11 雕刻腮後毛髮的部分

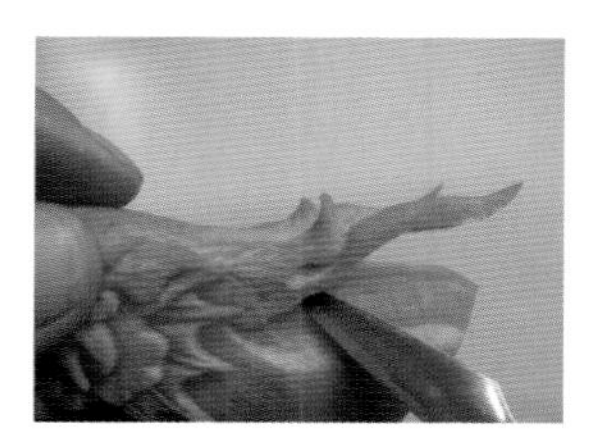
12 雕刻龍角

13 切出鬍鬚的造型

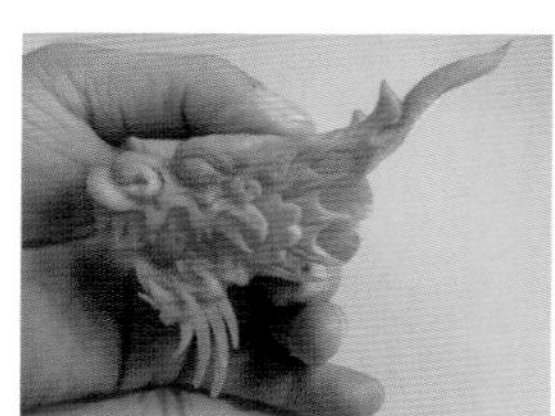
14 用三秒膠鬍鬚黏接在龍頭下巴位置

15 龍首雕刻完成圖示

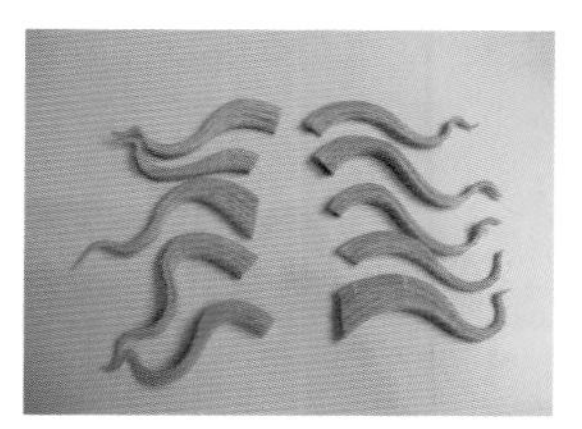
16 雕刻長毛髮片

17 將長毛髮片與龍頭黏接起來

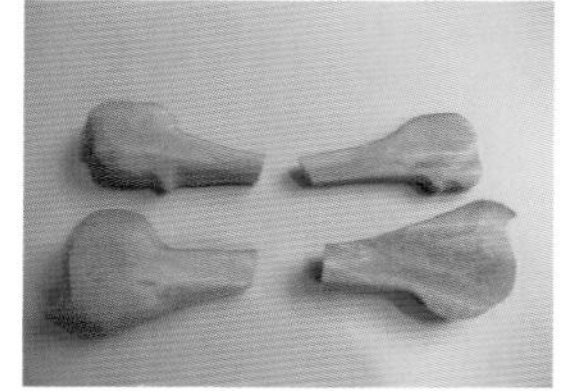
18 雕刻四肢的基本形狀

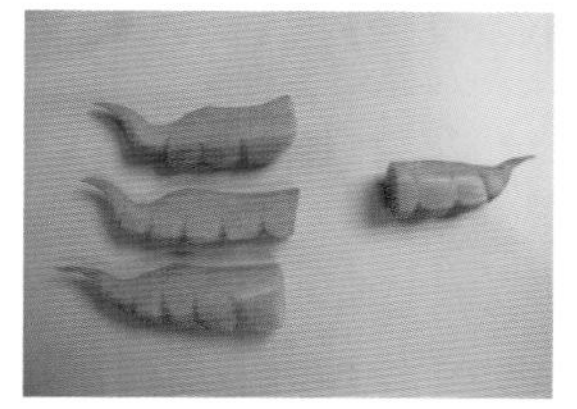
19 雕刻爪子的基本形狀

20 用三秒膠上肢與腳爪黏接起來

21 修順上肢到腳爪的形狀

22 修飾腳爪內側的形狀

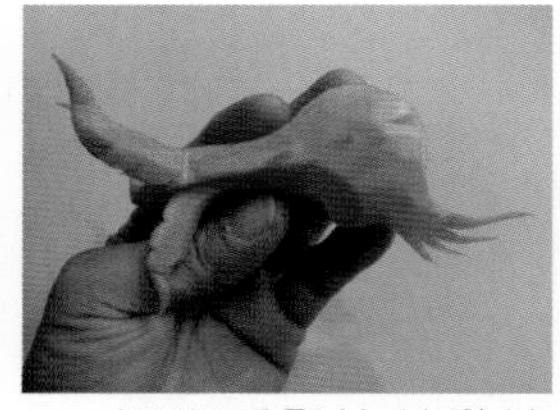

23 切出毛髮片並黏接在上肢

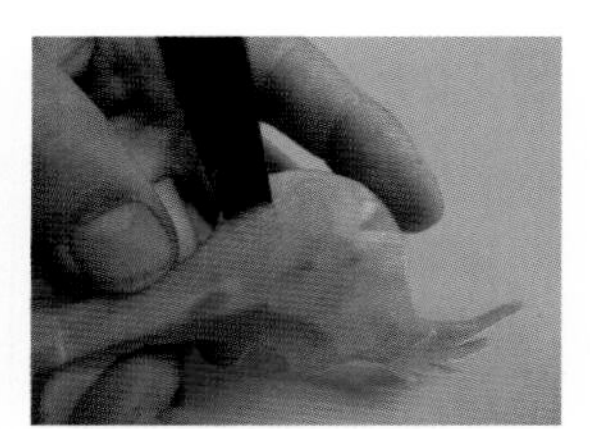

24 用 U 形鑿刀將上肢的火焰紋路雕刻出來

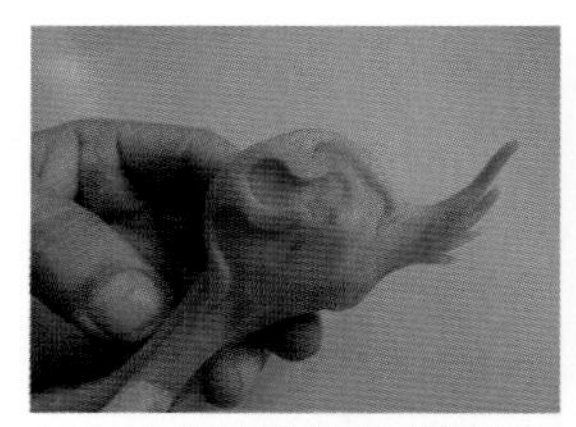

25 火焰紋路完成圖示

26 雕刻上肢鱗片並完成毛髮的修飾

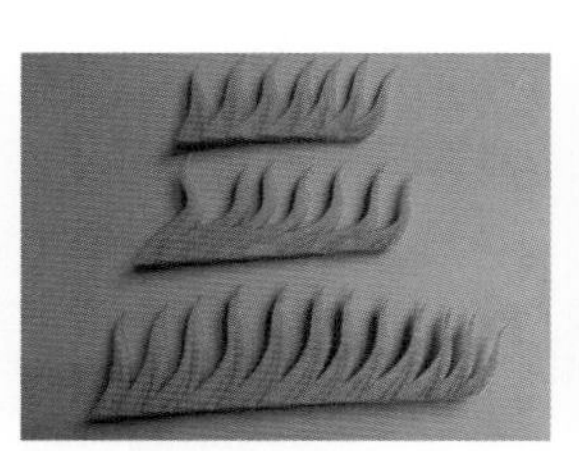

27 雕刻背鰭片

28 將龍身分段雕刻出來

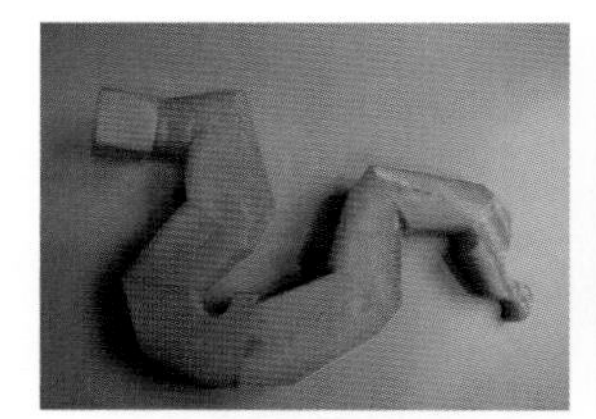

29 用三秒膠將龍身依序拼接起來

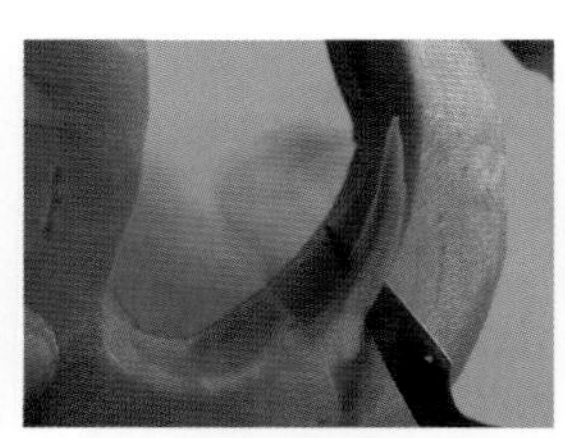

30 修飾龍身的形狀

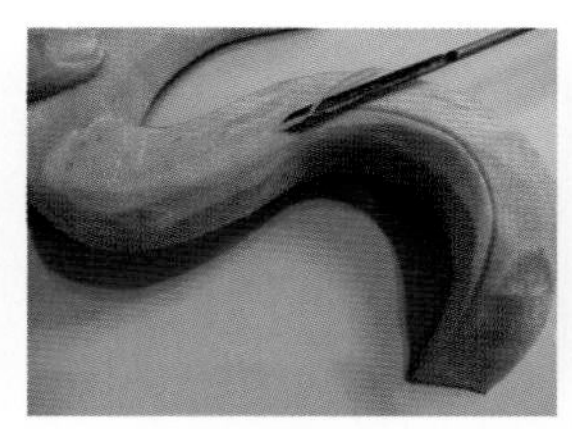

31 用 V 形鑿刀雕刻腹部紋路

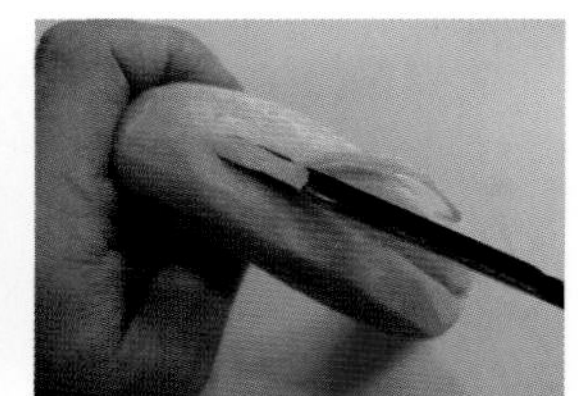

32 用 V 形鑿刀雕刻背部紋路

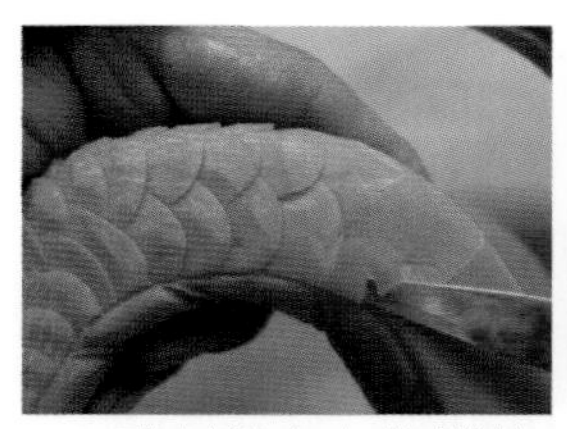

33 雕刻龍身上的鱗片

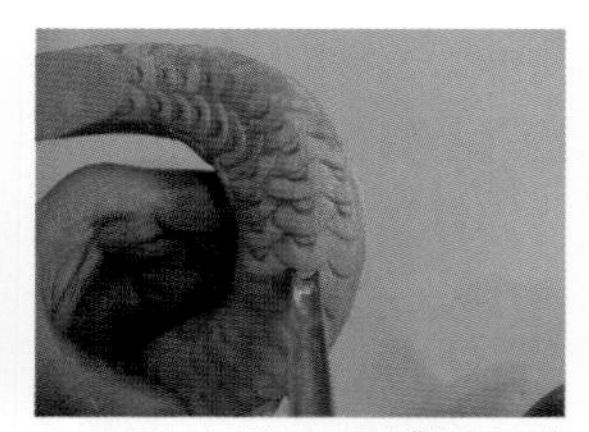

34 用小號 U 形鑿刀雕刻內層小鱗片

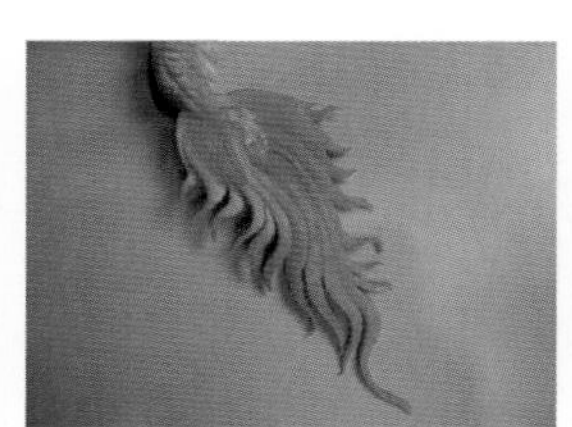

35 雕刻龍尾形狀

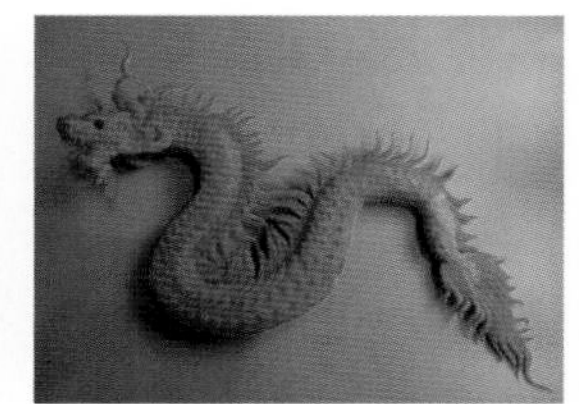

36 將龍首與龍身黏接起來

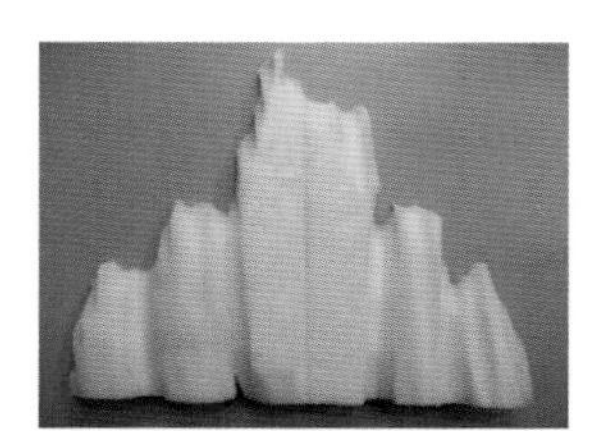

37 白蘿蔔接組使用 U 形鑿刀完成假山造型

Verse 2 日出◇鰲頭

▼步驟分解

01 材料：紅蘿蔔 3 條、白蘿蔔 2 條

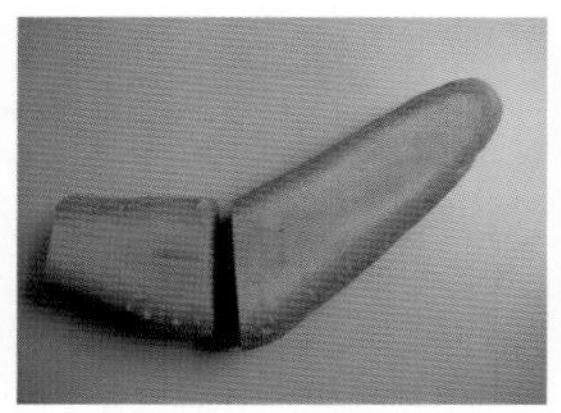

02 紅蘿蔔切出頭部與身體雛形

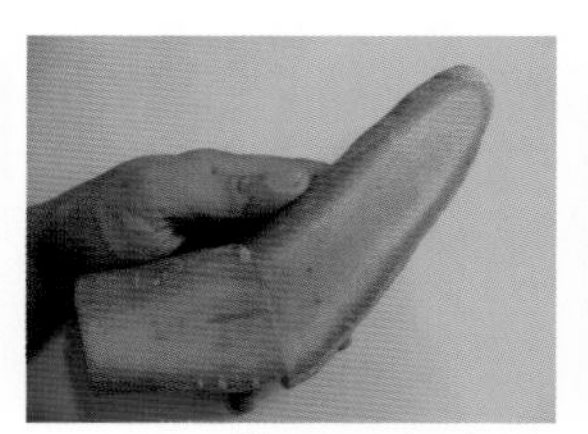

03 用三秒膠頭部與身體黏接起來

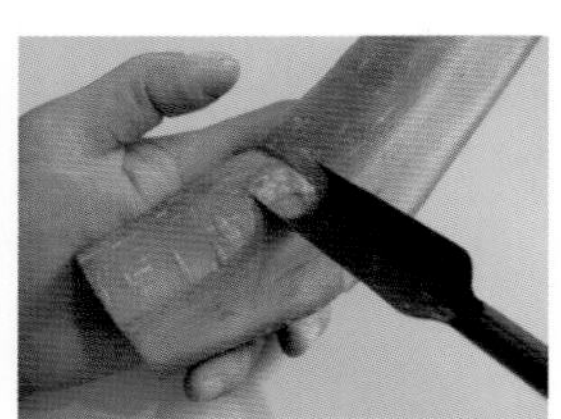

04 用大號 U 形鑿刀在黏接觸刻出凹痕

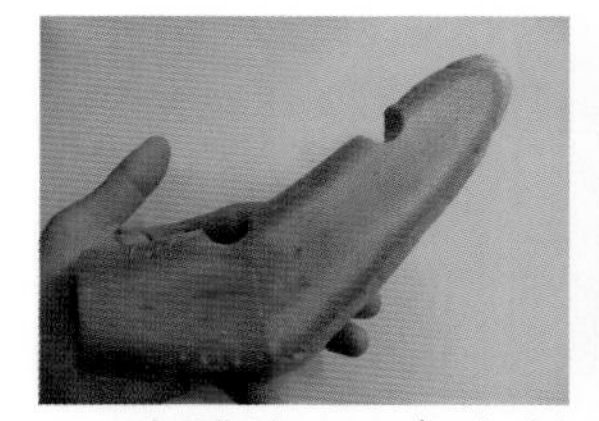

05 身體後 1/3 處也刻出同樣的凹痕

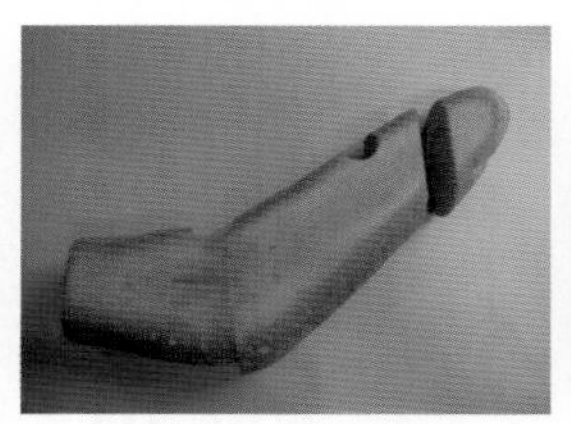

06 切掉尾部多餘的部分

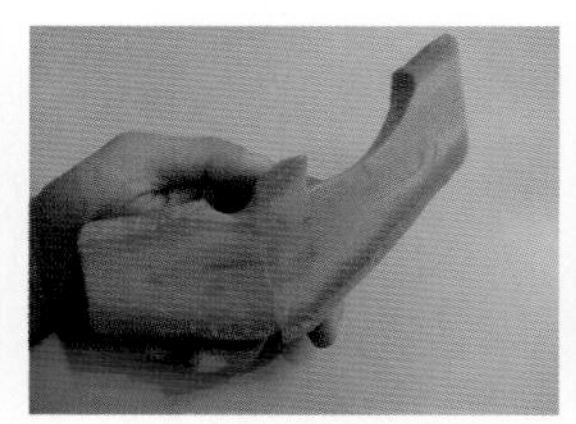

07 切出身體的曲線

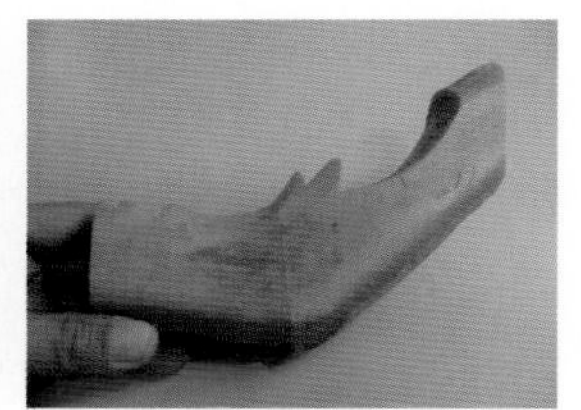

08 切出鼻子與龍角的基本線條

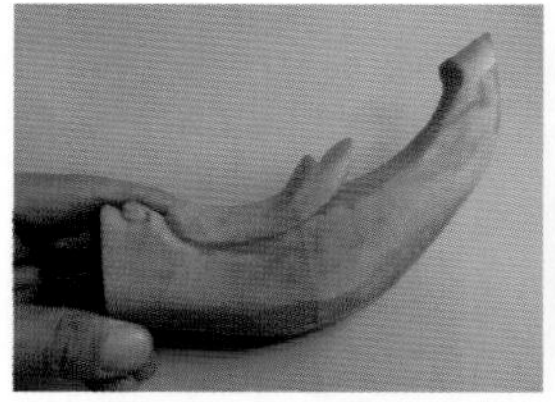

09 雕刻鼻子與龍角的線條

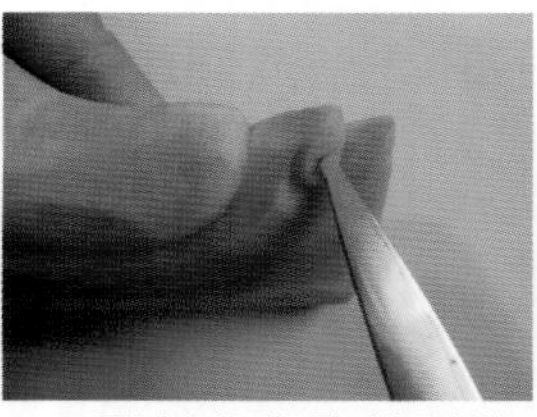

10 雕刻出鼻孔的形狀

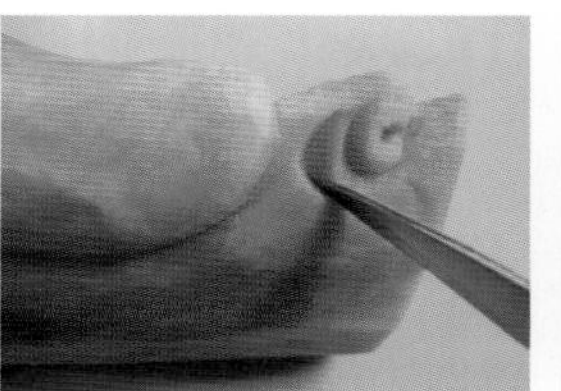

11 修飾鼻子的肌肉線條

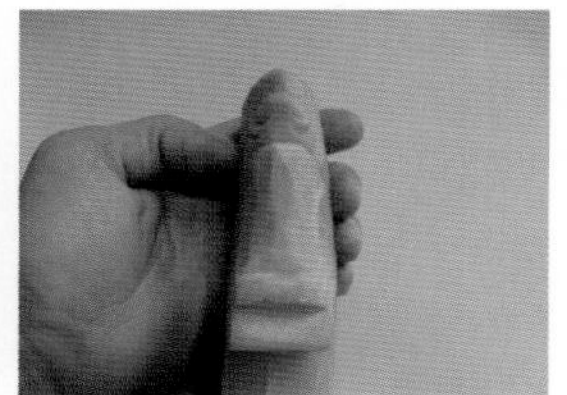

12 切出尾巴的基本形狀

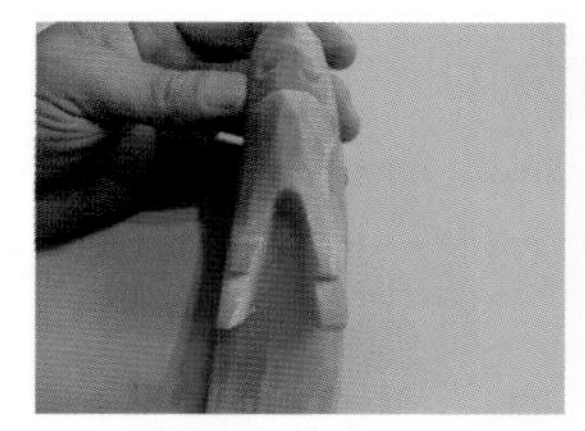

13 雕刻出龍角

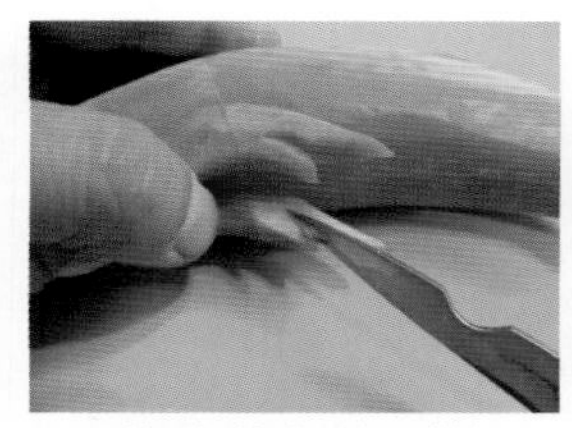

14 修飾龍角的形狀

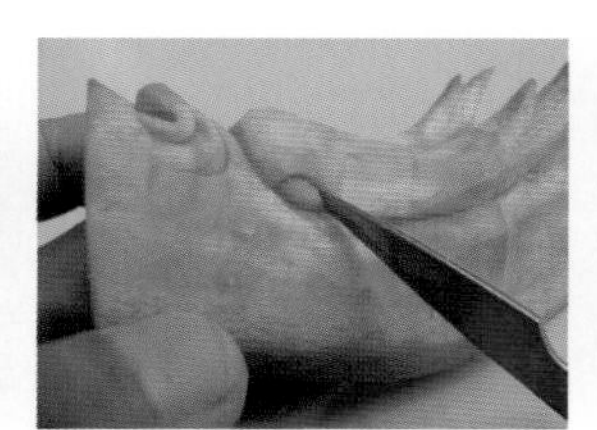

15 雕刻出眼睛位置

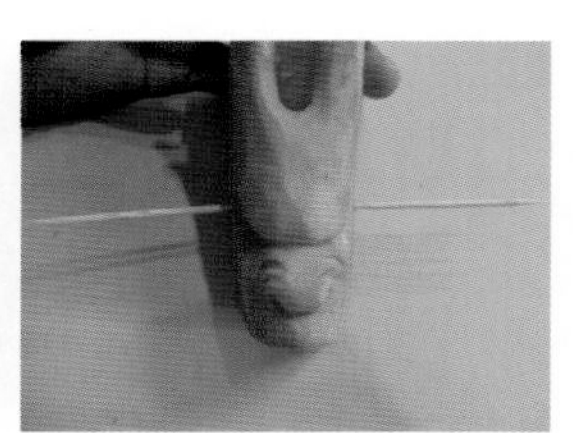

16 用牙籤標出左右兩側嘴角的位置

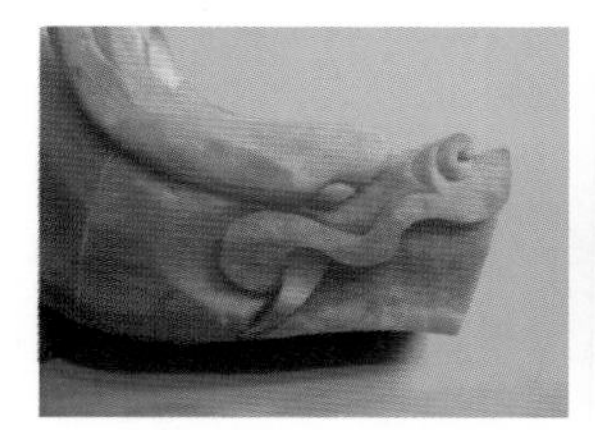

17 雕刻上嘴唇的形狀及外露的牙齒

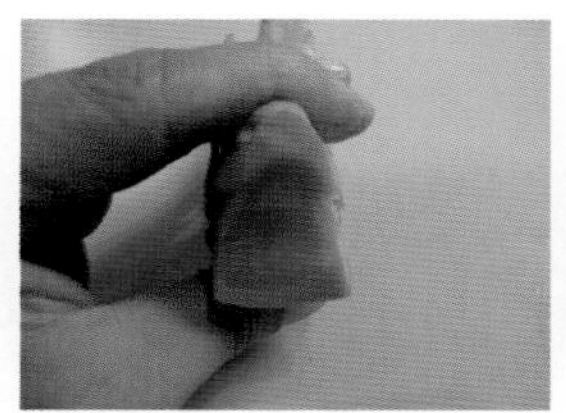

18 雕刻上門牙

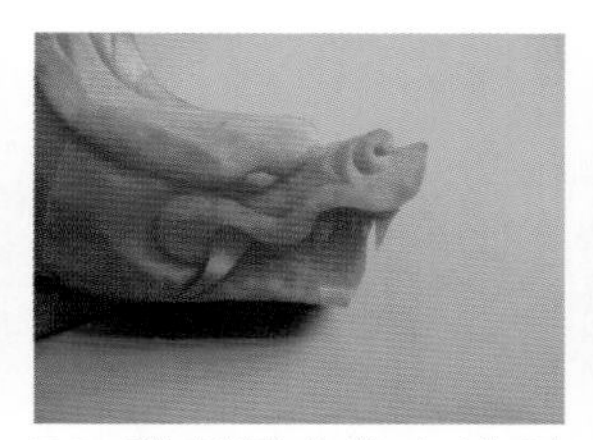

19 雕刻其它的上排牙齒

20 雕刻下巴的形狀

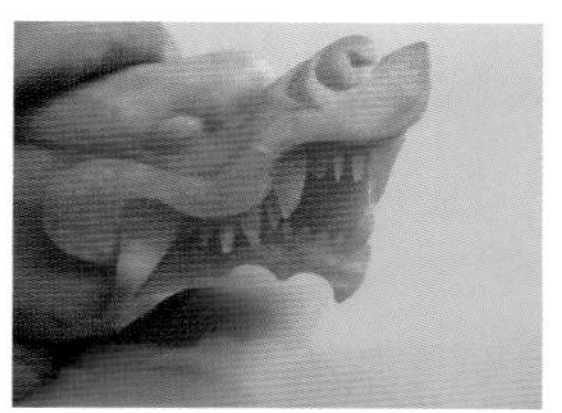
21 雕刻下排牙齒

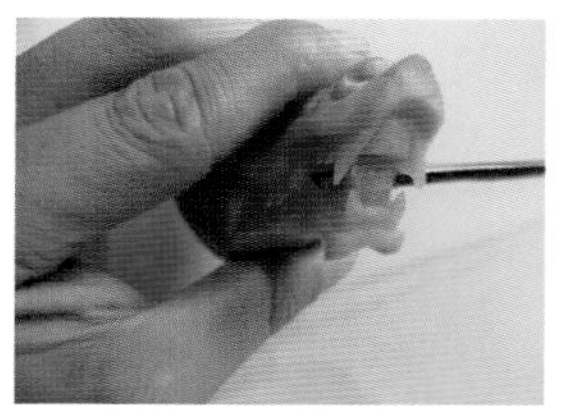
22 雕刻舌頭形狀

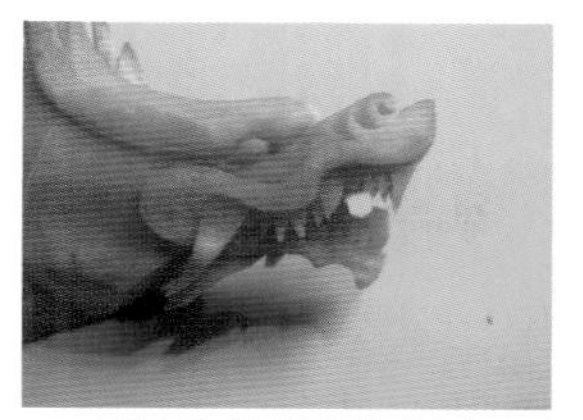
23 修飾整個嘴部與下巴

24 雕刻嘴角後的毛髮

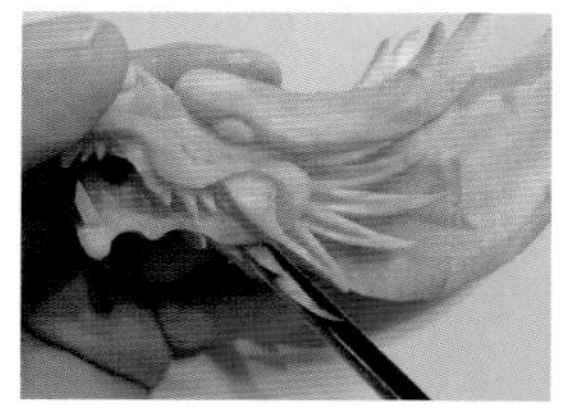
25 用小號 V 形鑿刀雕刻毛髮的紋路

26 背部刻出一道 V 字形凹槽

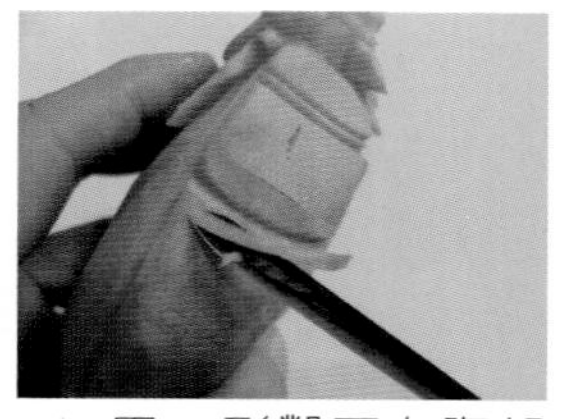
27 用 V 形鑿刀在腹部刻出紋路

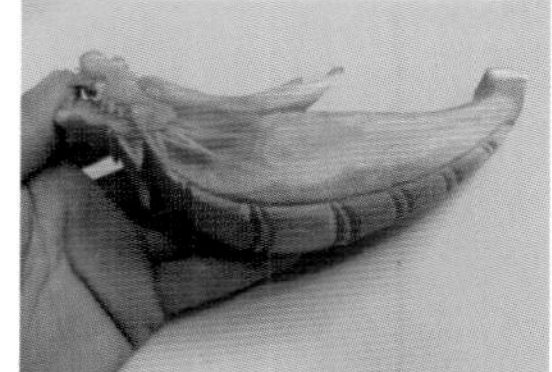
28 腹部紋路完成圖示

29 雕刻鱗片

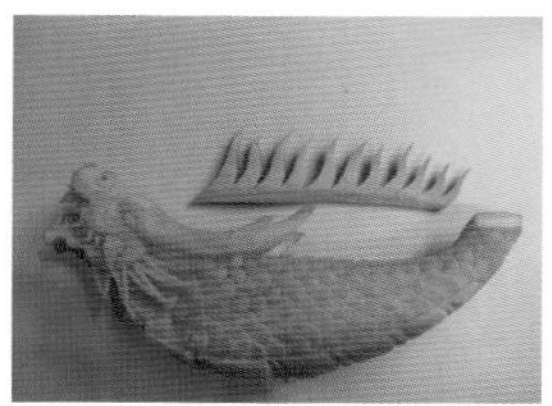
30 雕刻一長片背鰭

31 將背鰭黏接在背部的凹槽

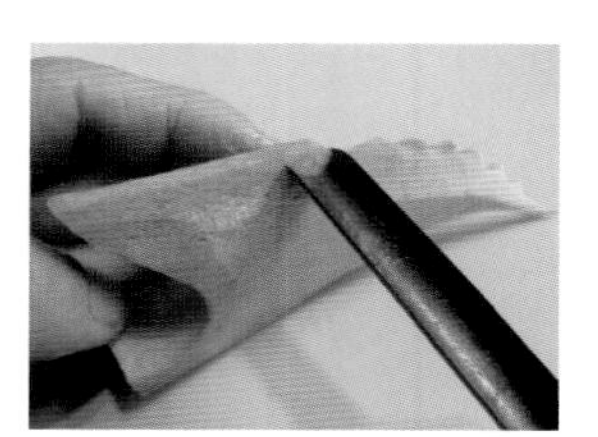
32 雕刻尾巴

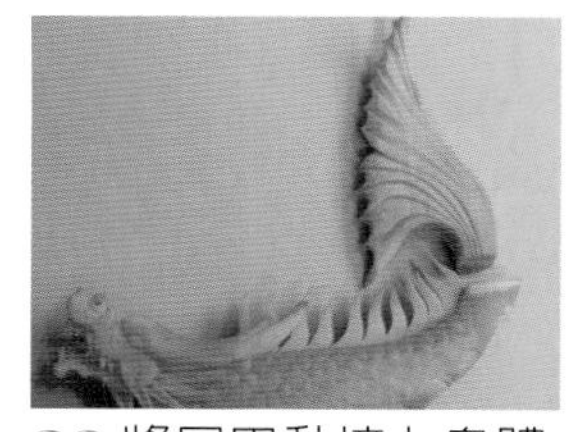
33 將尾巴黏接上身體

34 修飾尾巴與身體的黏接處

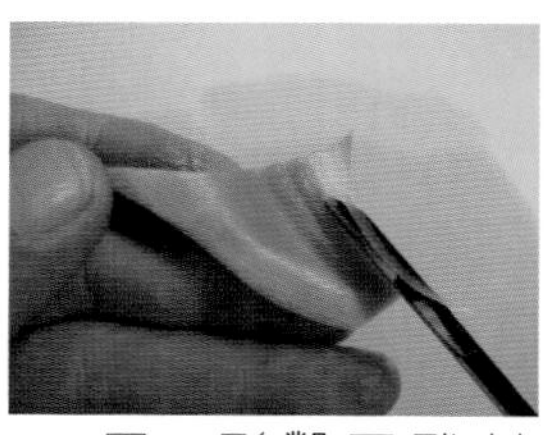
35 用 V 形鑿刀雕刻其他魚鰭的紋路

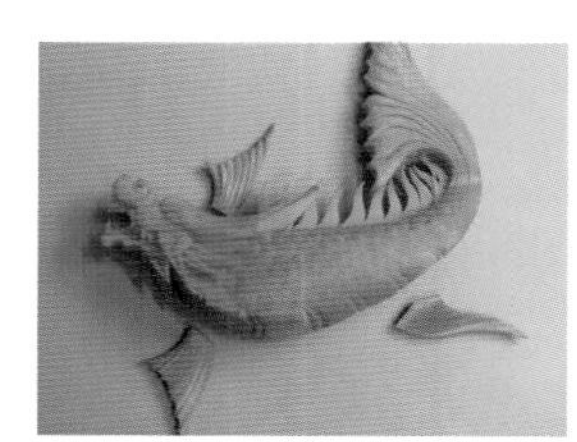
36 魚鰭完成圖示

37 將假眼睛黏在眼睛的位置

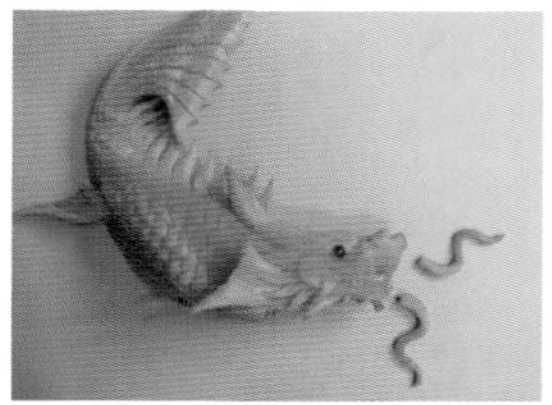
38 切出觸鬚的形狀

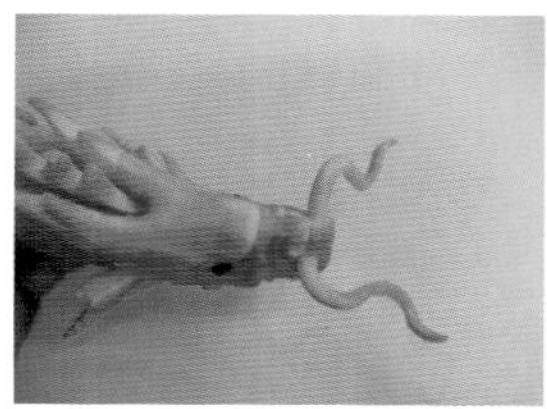
39 觸鬚黏接完成圖示

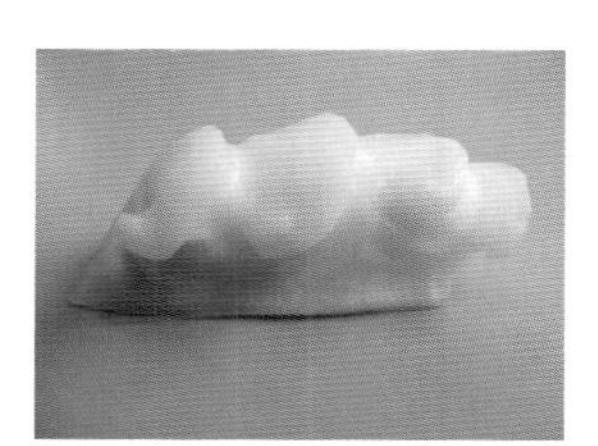
40 用白蘿蔔雕刻出海浪造型

Verse 3 → 麒麟◇至尊

▼步驟分解

01 材料：紅蘿蔔 3 條、白蘿蔔 1 條

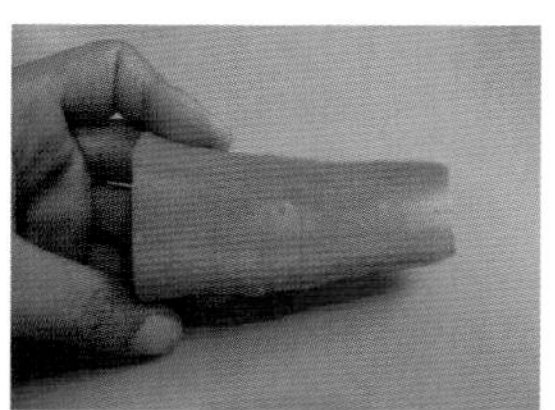

02 將紅蘿蔔切割出長形並劃出四等分

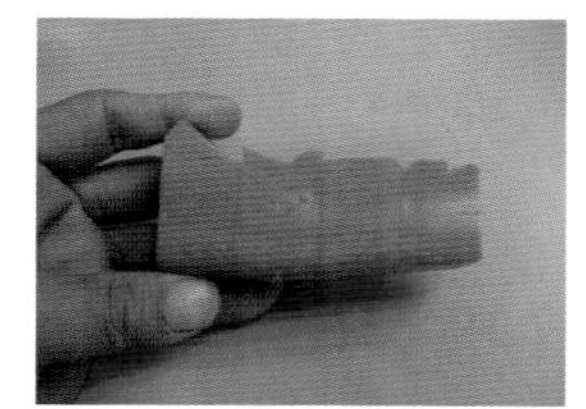

03 將嘴、鼻、額頭及麒麟角的位置刻出來

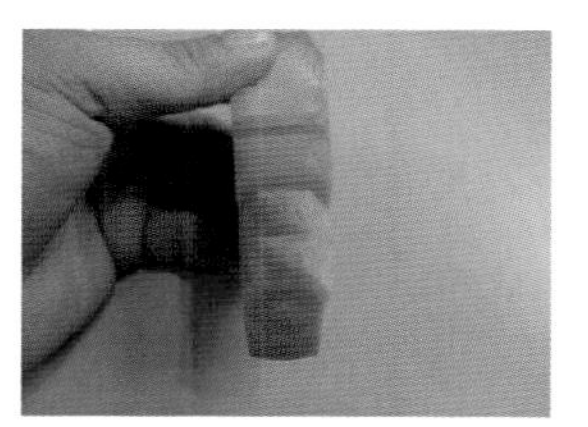

04 切出鼻子的基本形狀

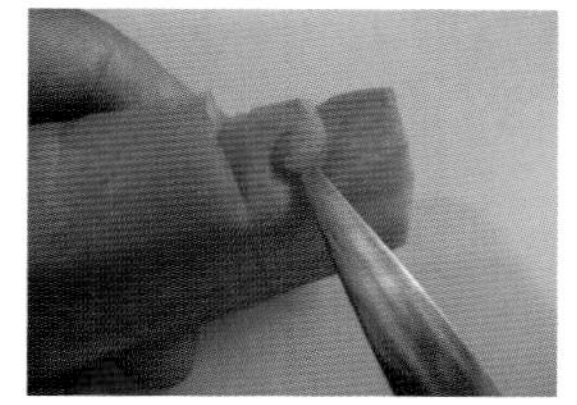

05 雕刻鼻子的完整形狀

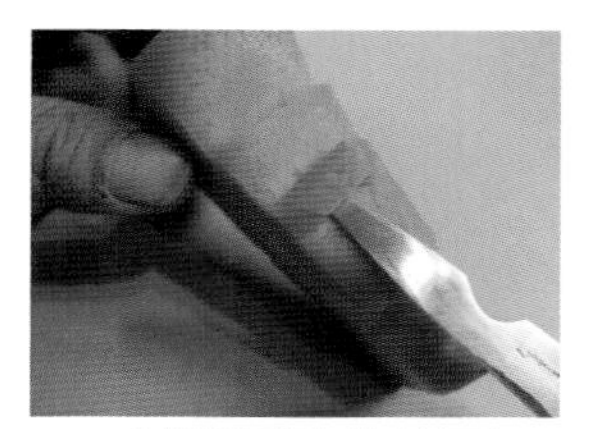

06 刻出耳朵的位置

07 雕刻眼睛形狀，並用小號 U 形鑿刀雕刻瞳孔

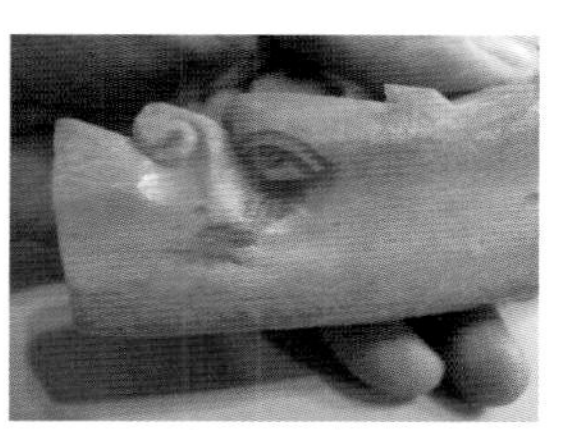

08 眼睛部分完成圖示

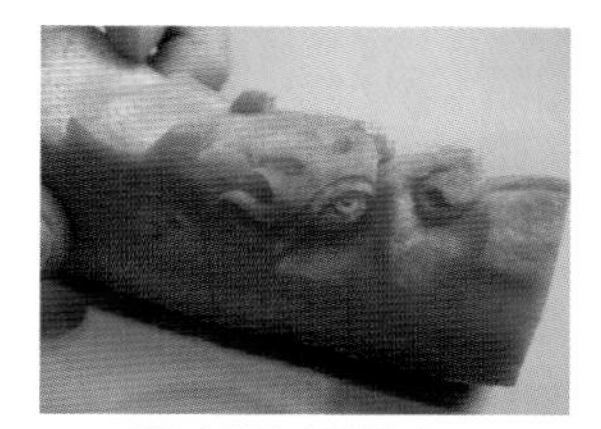

09 雕刻臉部肌肉

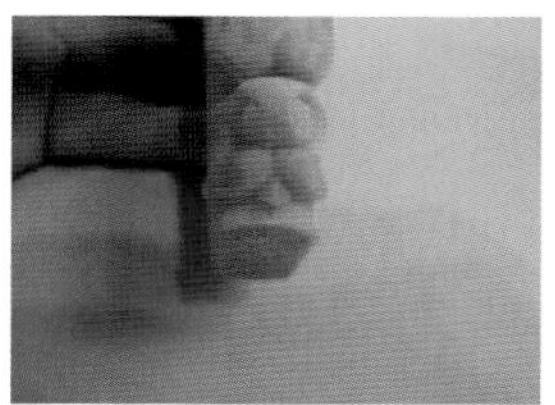

10 雕刻鼻子與嘴唇中間的鬍鬚形狀

11 雕刻眉毛

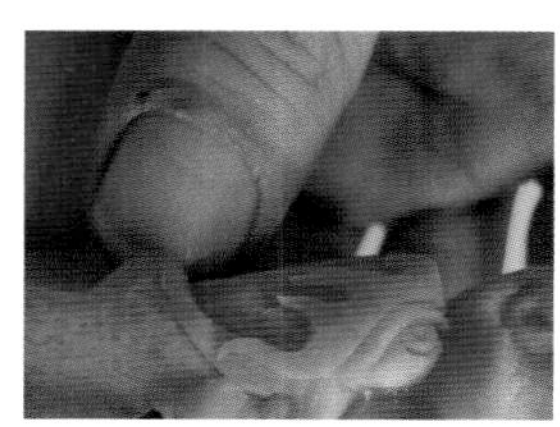

12 雕刻耳朵

13 耳朵完成圖示

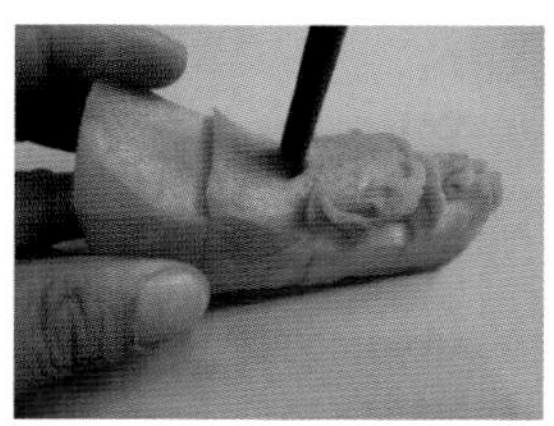

14 用中號 U 形鑿刀在兩麒麟角的交會處做記號

15 切除兩麒麟角中間的廢料

16 雕刻嘴唇形狀

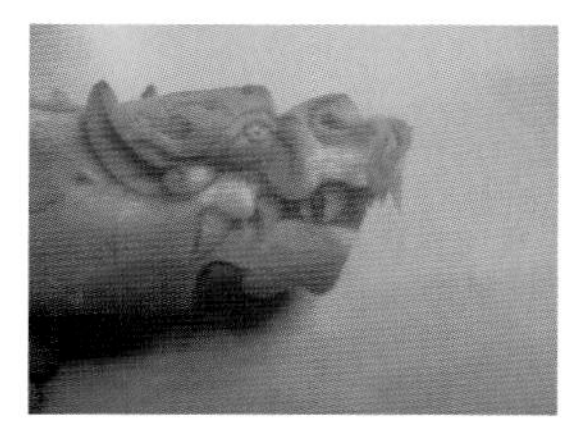

17 雕刻牙齒

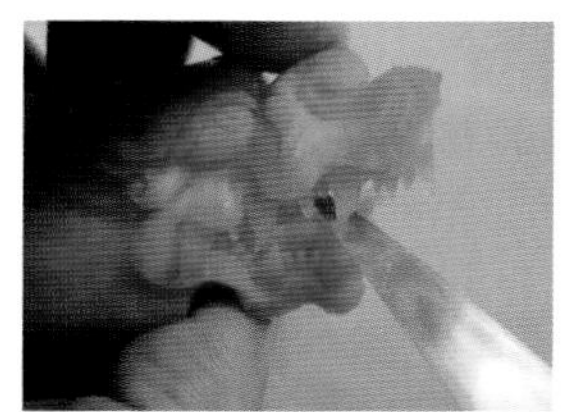

18 雕刻舌頭

19 雕刻嘴角後紋路

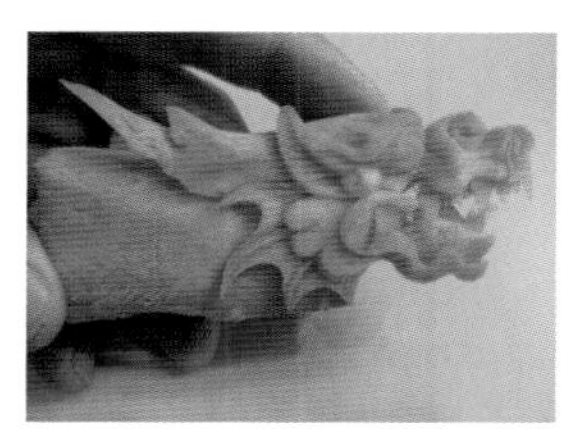

20 雕刻頭部到脖子的紋路及麒麟角

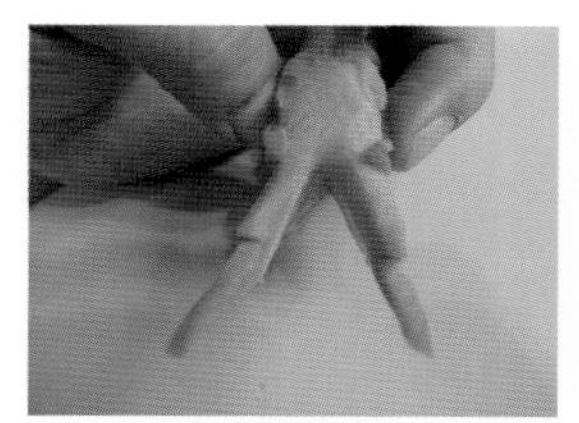
21 修飾麒麟角

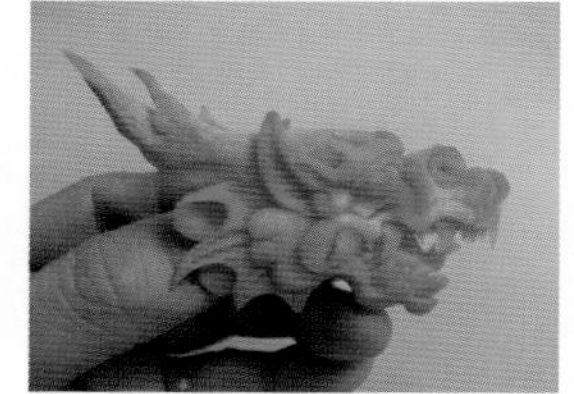
22 頭部完成圖示

23 雕刻鬍鬚片並黏接在下巴

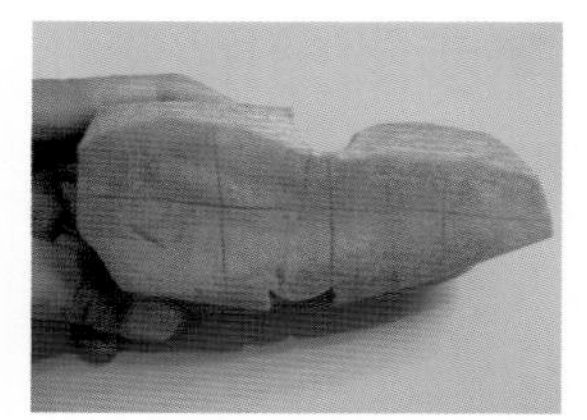
24 切出身體的基本形狀並分出比例

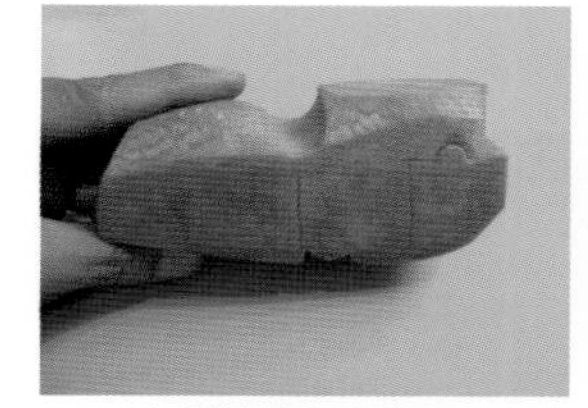
25 身體側面圖示

26 雕刻腹部線條

27 切出前腳及黏接部位

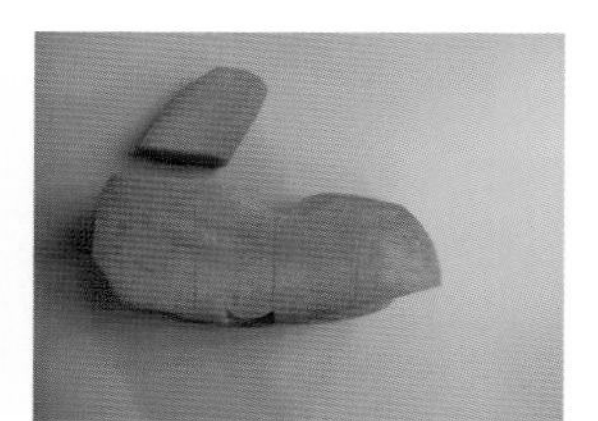
28 切出脖子的基本形狀

29 用三秒膠將脖子與身體黏接起來

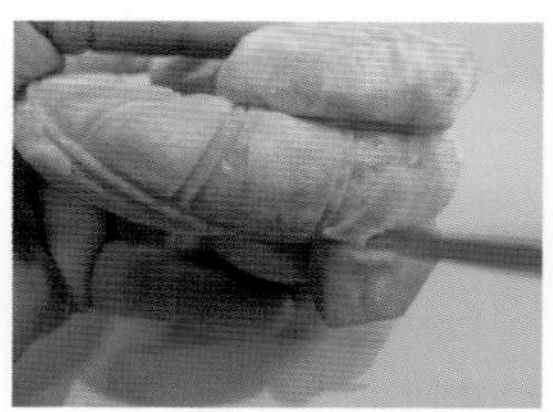
30 將脖子的紋路層次切割出來

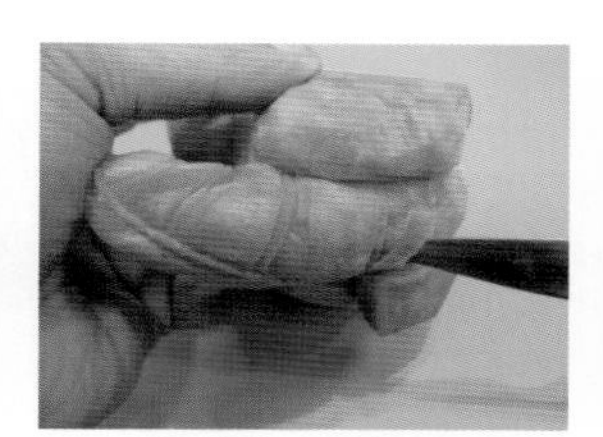
31 雕刻腹部的紋路

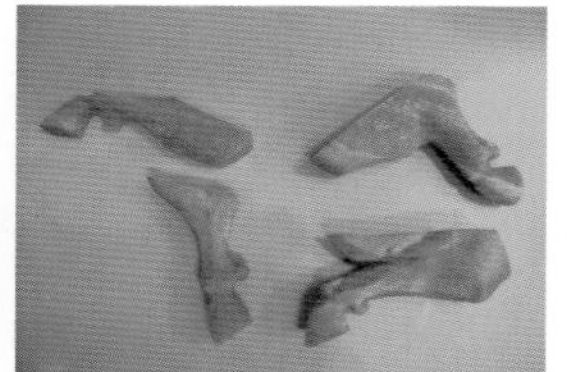
32 參考馬腳形狀雕刻出麒麟的四肢

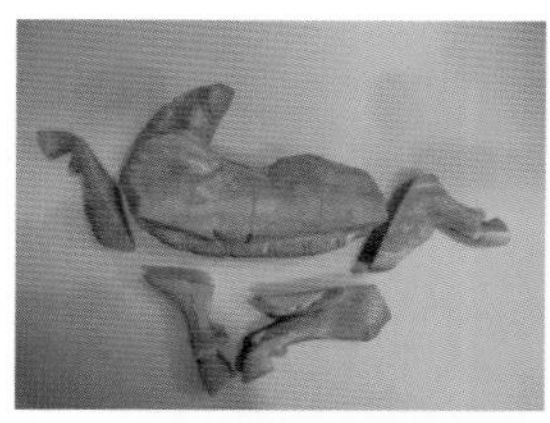
33 將四肢黏接至身體

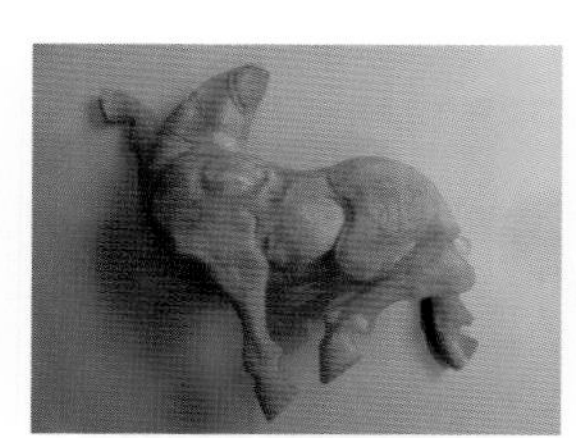
34 修飾右側身體的紋路

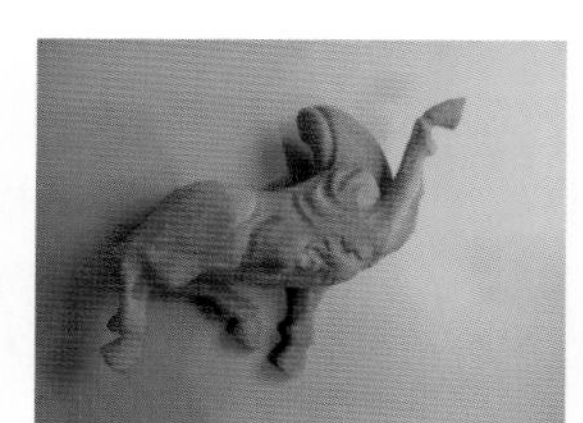
35 修飾左側身體的紋路

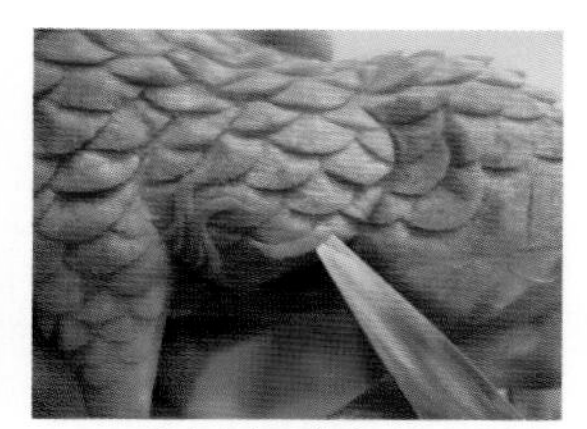
36 雕刻身體上的鱗片

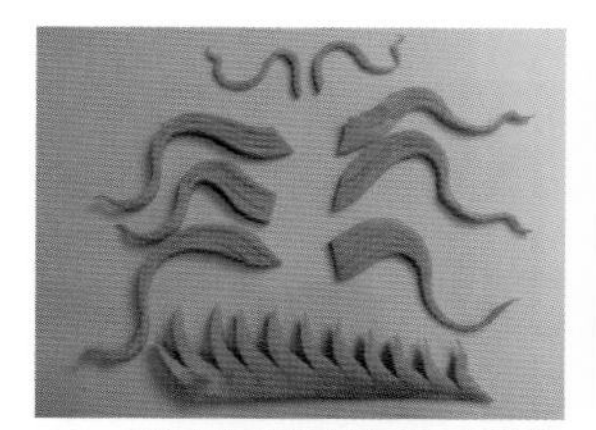
37 雕刻毛髮片與背鰭

38 雕刻尾巴

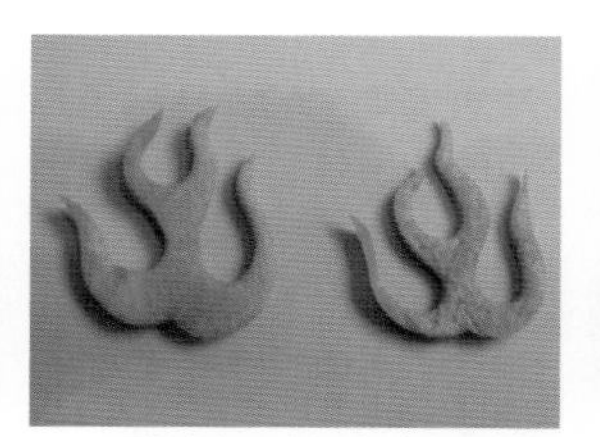
39 雕刻 2 片火焰形狀片

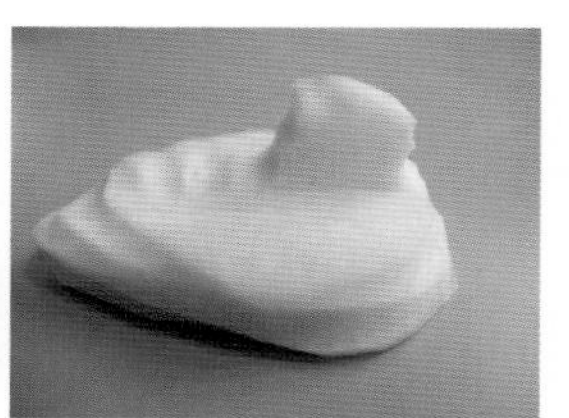
40 將白蘿蔔雕刻成岩石底座

Verse 4 → 飛鳳◇來儀

▼步驟分解

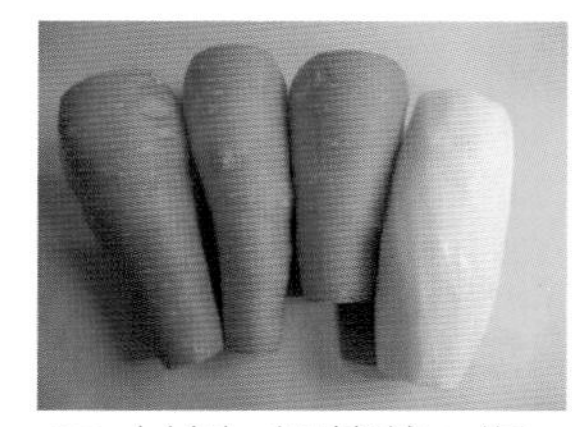

01 材料：紅蘿蔔3條、白蘿蔔1條

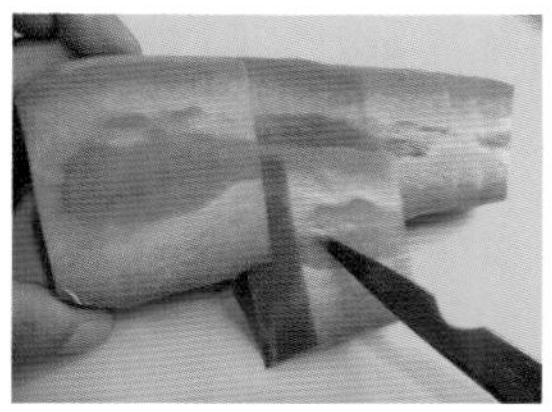

02 在約 1/2 的位置切出直角三角形，區分出頭部與身體

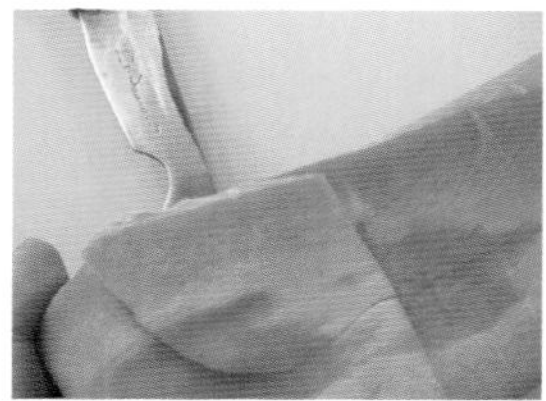

03 切出頭部基本形狀

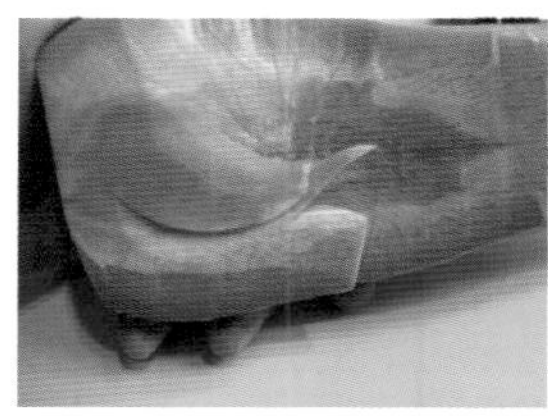

04 刻出上喙與頭部線條

05 用 V 形鑿刀刻出舌頭

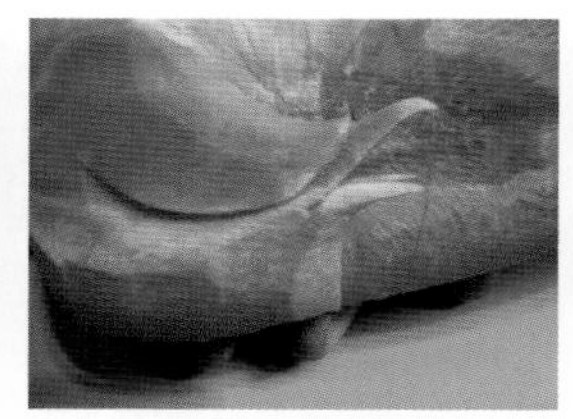
06 切出下巴形狀

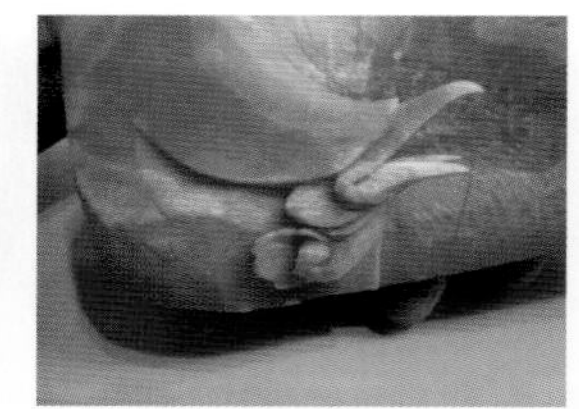
07 雕刻喙角形狀及下巴位置的紋路

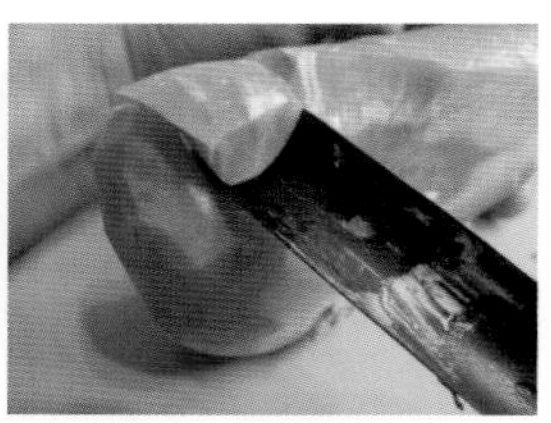
08 用大 U 形鑿刀刻出肩膀位置

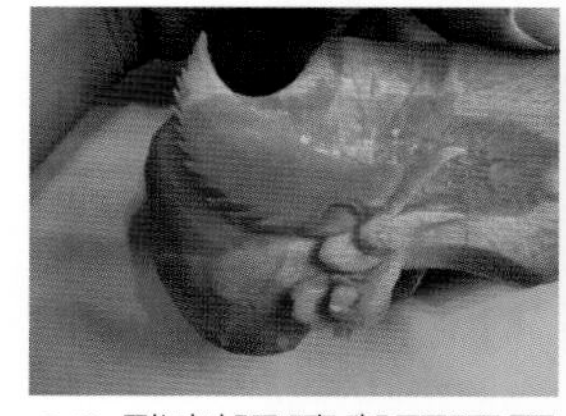
09 雕刻眼睛與頭頂羽毛

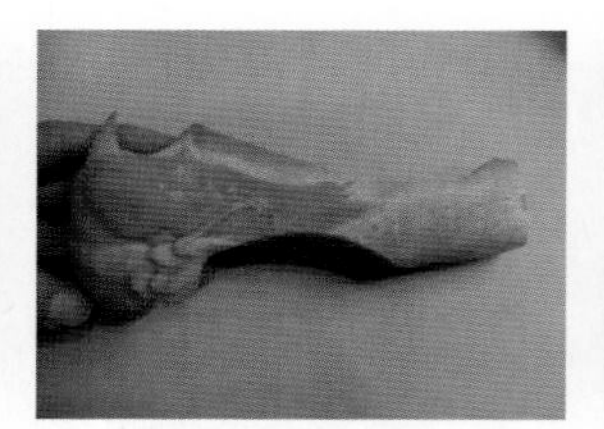
10 切出身體的弧度

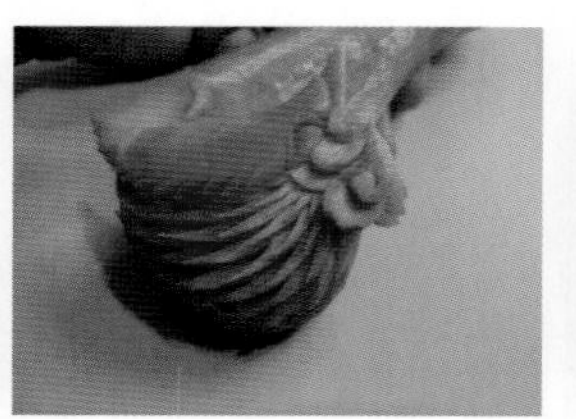
11 雕刻脖子位置的羽毛形狀

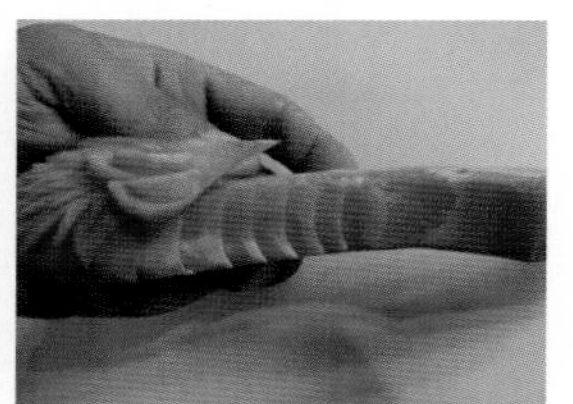
12 雕刻腹部紋路

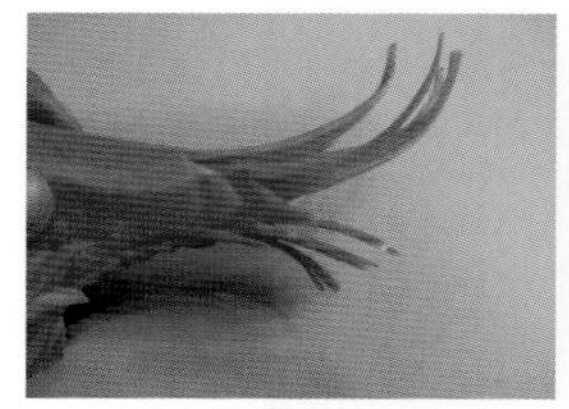
13 雕刻尾部的羽毛

14 雕刻出頭冠的形狀

15 用三秒膠將頭冠黏接在上喙底部

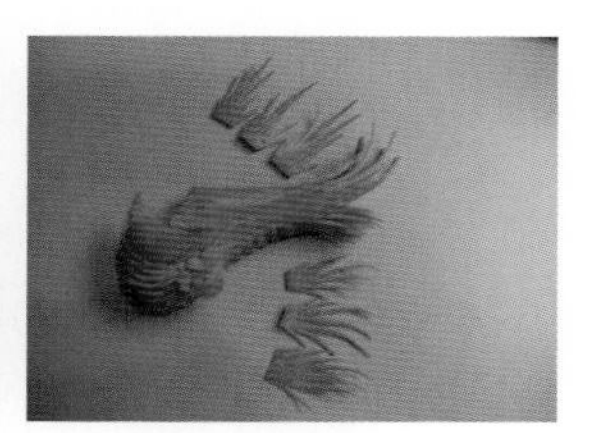
16 雕刻羽毛片

17 將羽毛片黏接至尾巴

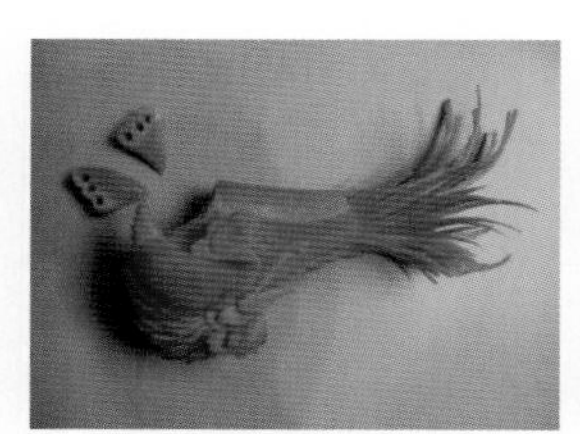
18 雕刻肩膀羽冠

19 雕刻翅膀片

20 用三秒膠將翅膀及肩膀羽冠黏接起來

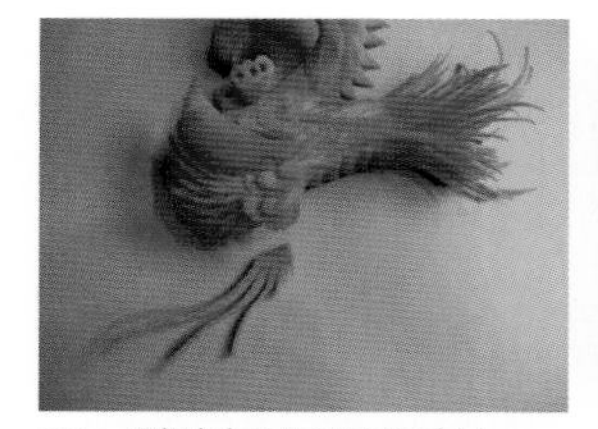
21 雕刻下巴羽毛片

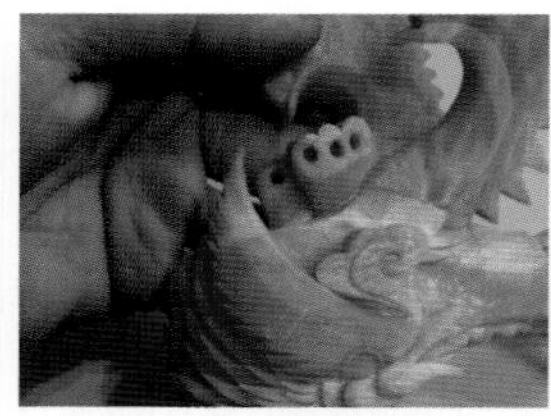
22 將下巴羽毛片黏接起來

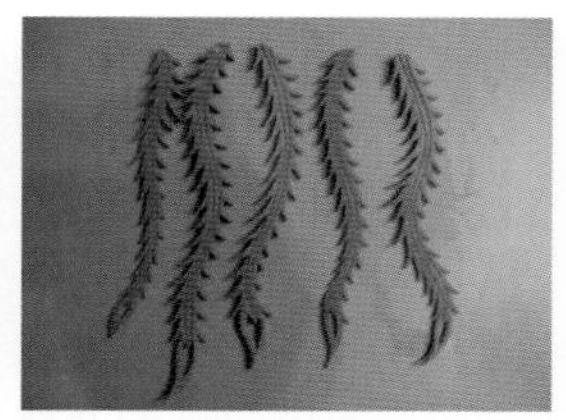
23 雕刻長鳳尾

24 將白蘿蔔雕刻成假山

課後自學

創意蔬果雕刻

NO.01

人生

▼步驟分解

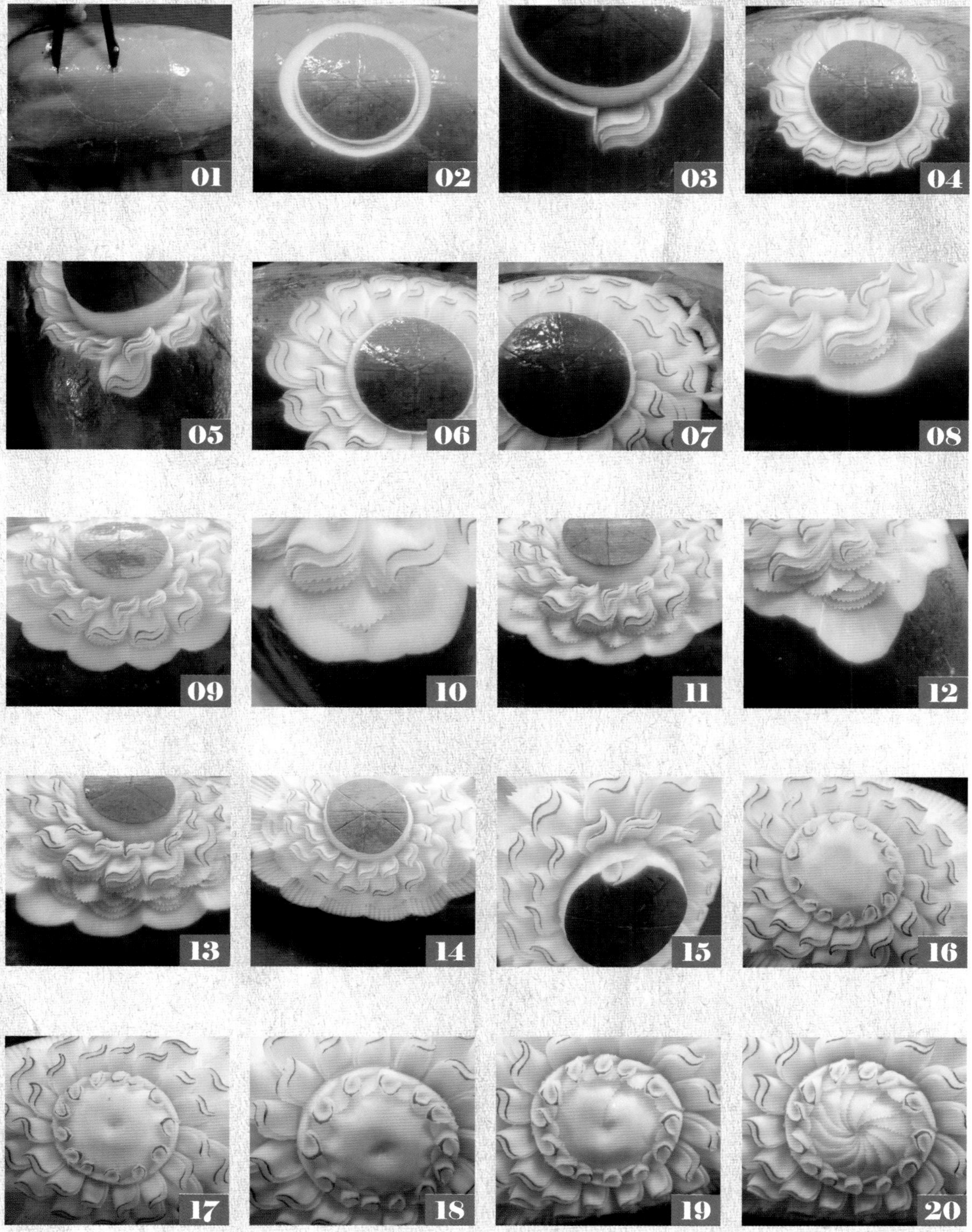

01 02 03 04

05 06 07 08

09 10 11 12

13 14 15 16

17 18 19 20

NO.02

童年

▼步驟分解

01 02 03 04

05 06 07 08

09 10 11 12

13 14 15 16

17 18 19 20

NO.03

昇華

▼步驟分解

01 02 03 04

05 06 07 08

09 10 11 12

13 14 15 16

17 18 19 20

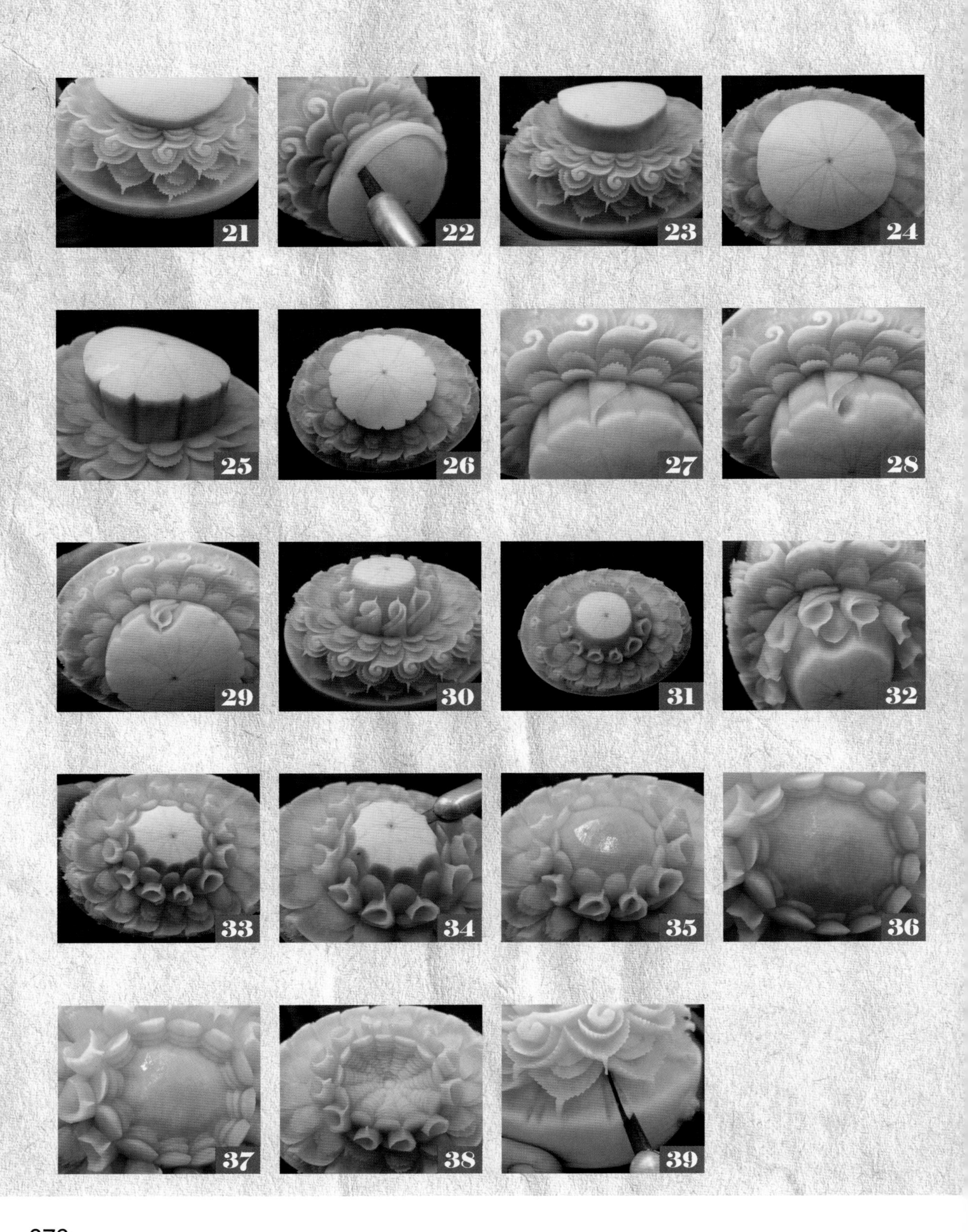
21
22
23
24
25
26
27
28
29
30
31
32
33
34
35
36
37
38
39

NO.04

享樂

▼步驟分解

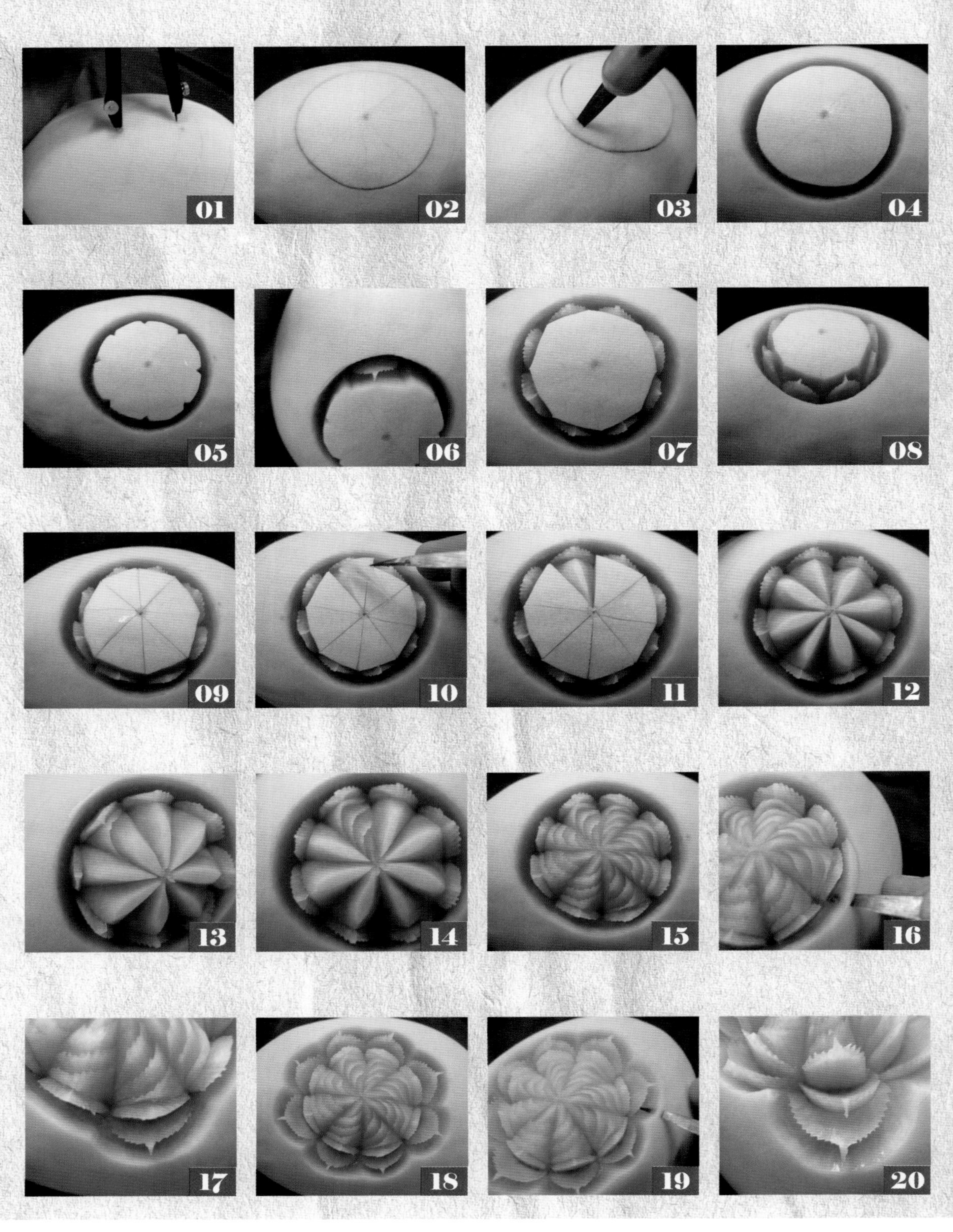

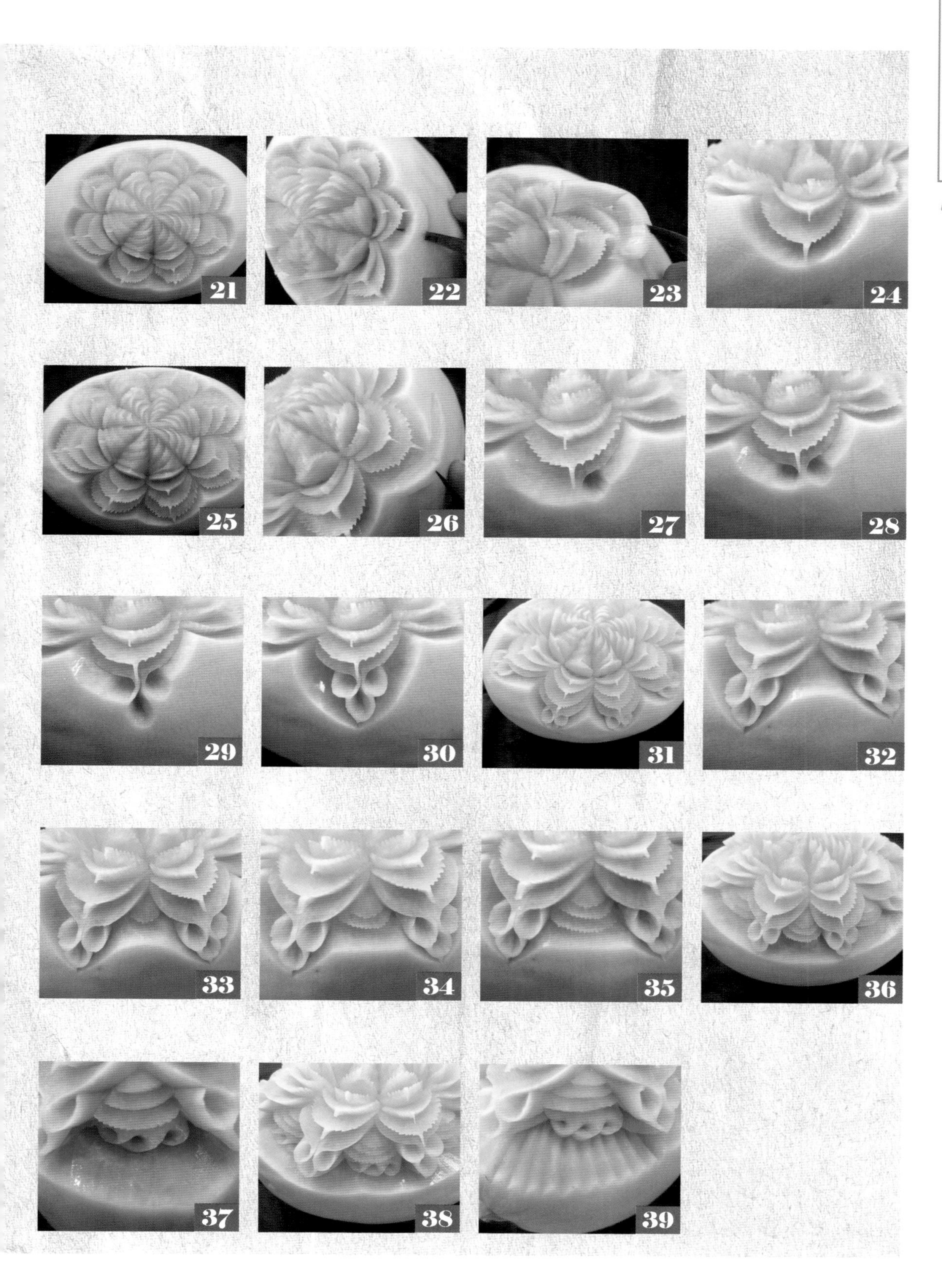
21
22
23
24
25
26
27
28
29
30
31
32
33
34
35
36
37
38
39

NO.05

雅

步驟分解

21
22
23
24
25
26
27
28
29
30
31
32
33
34
35
36
37
38
39
40

NO.06

緻

▼步驟分解

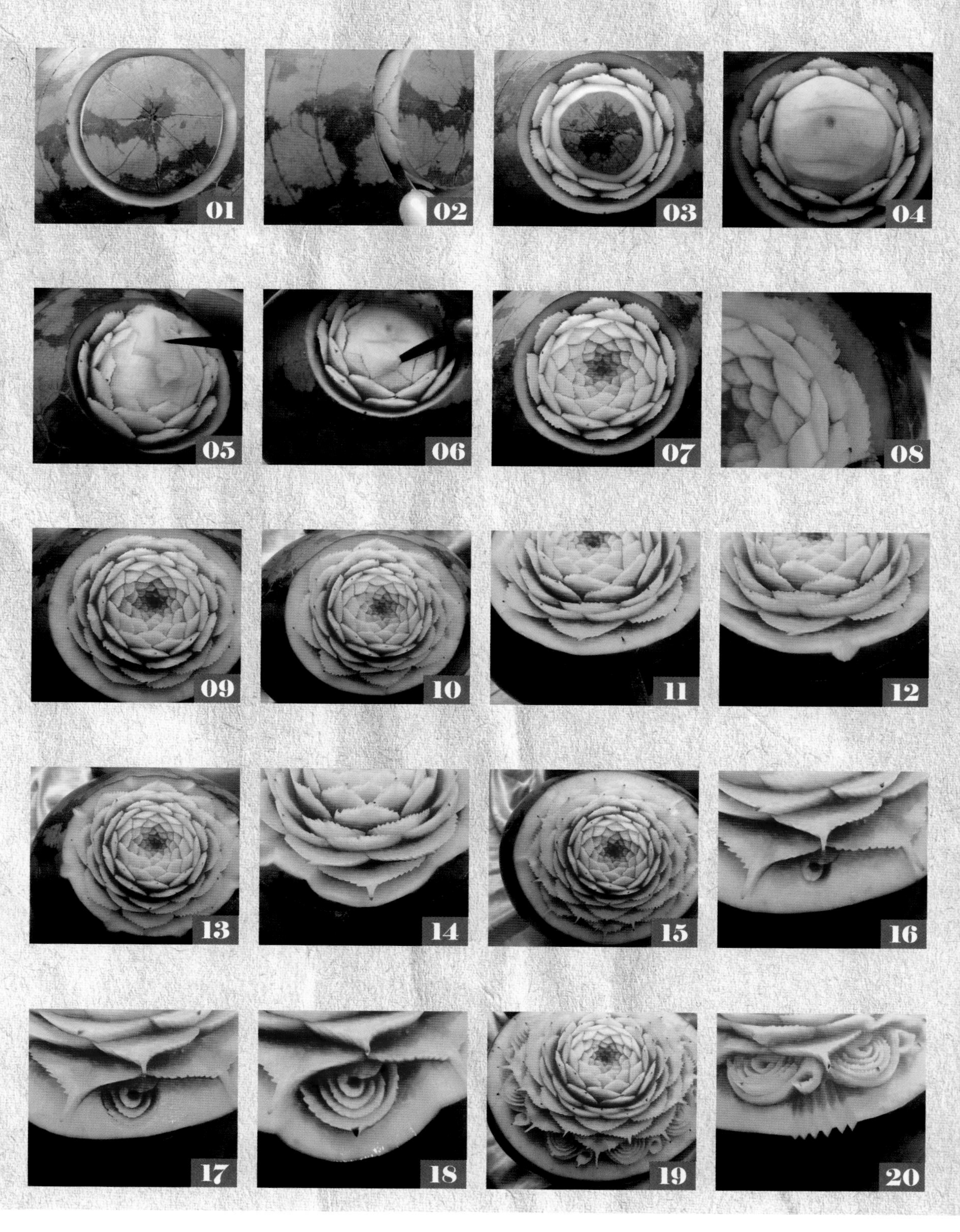

NO.07

柔情

步驟分解

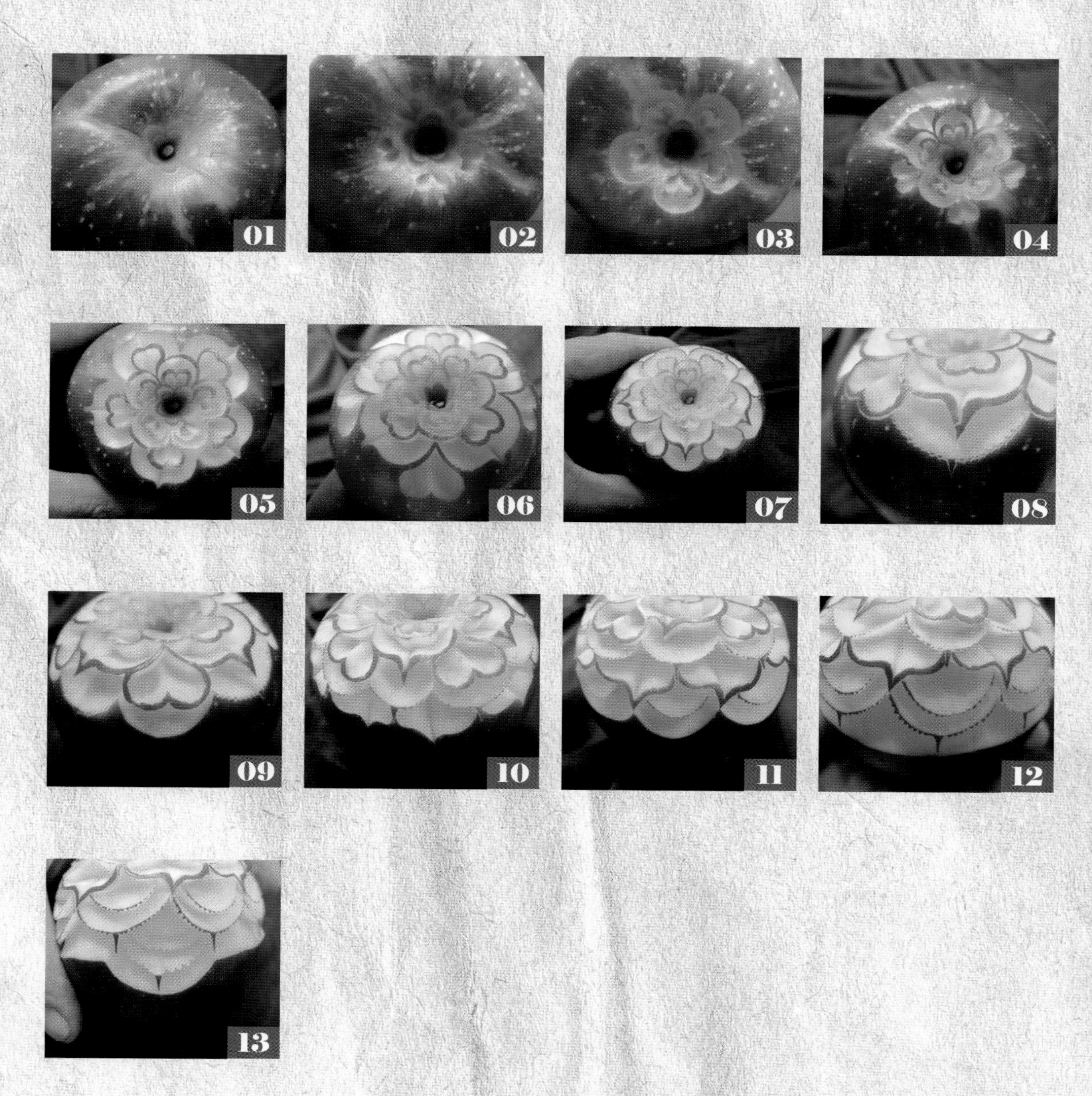

NO.08

私語

步驟分解

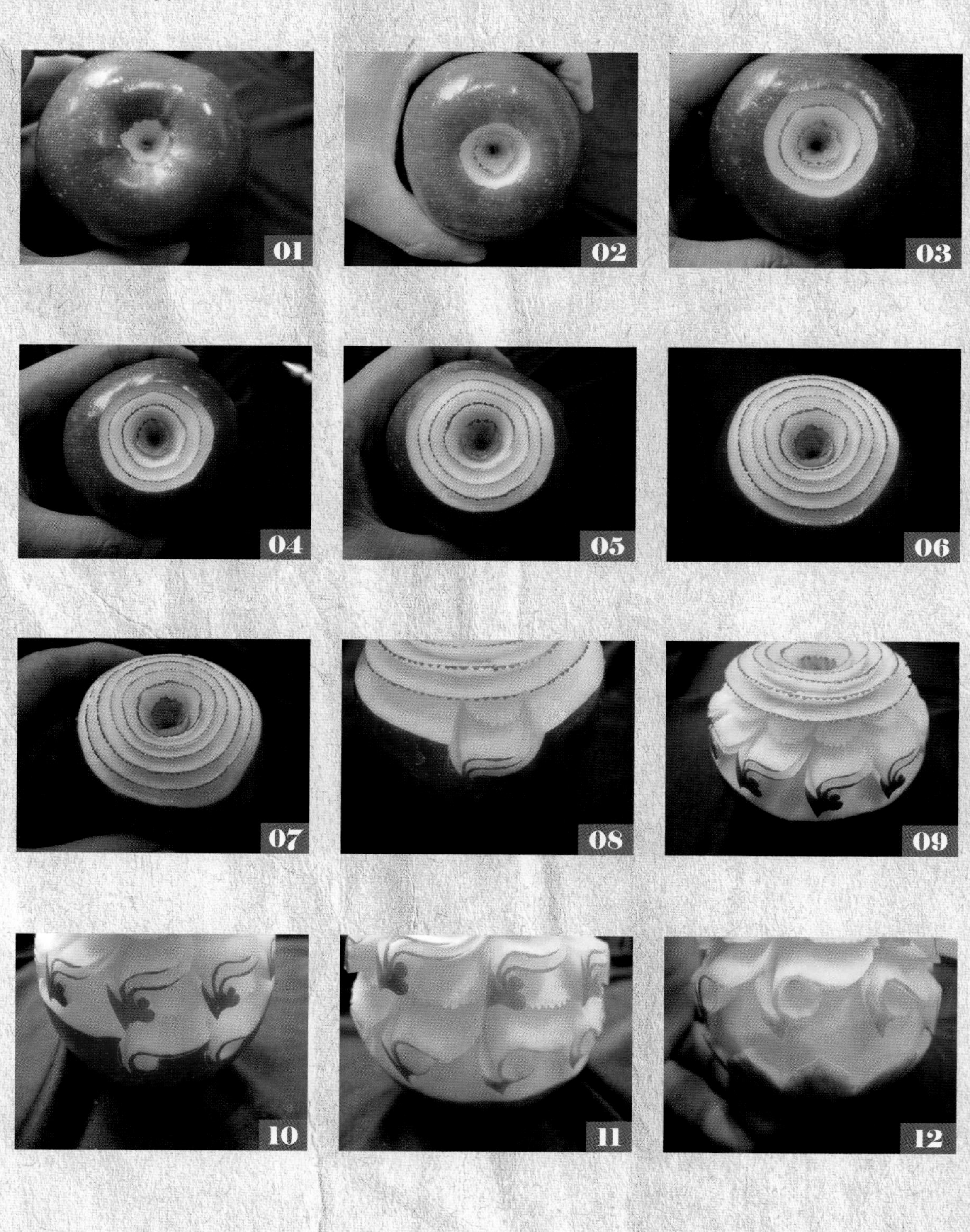

NO.09

游水

步驟分解

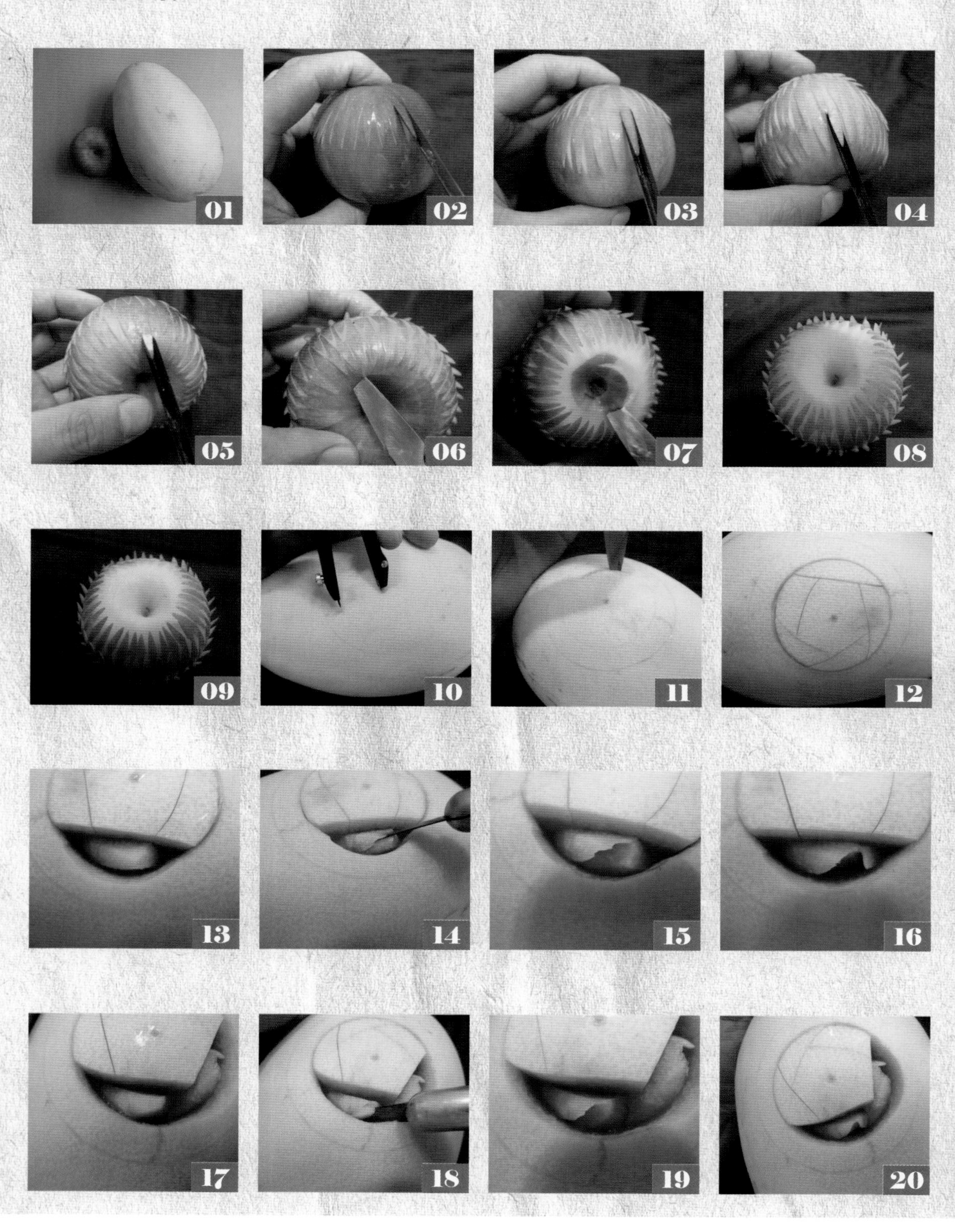

21
22
23
24
25
26
27
28
29
30
31
32
33
34
35
36
37
38
39

NO.10

東風

▼步驟分解

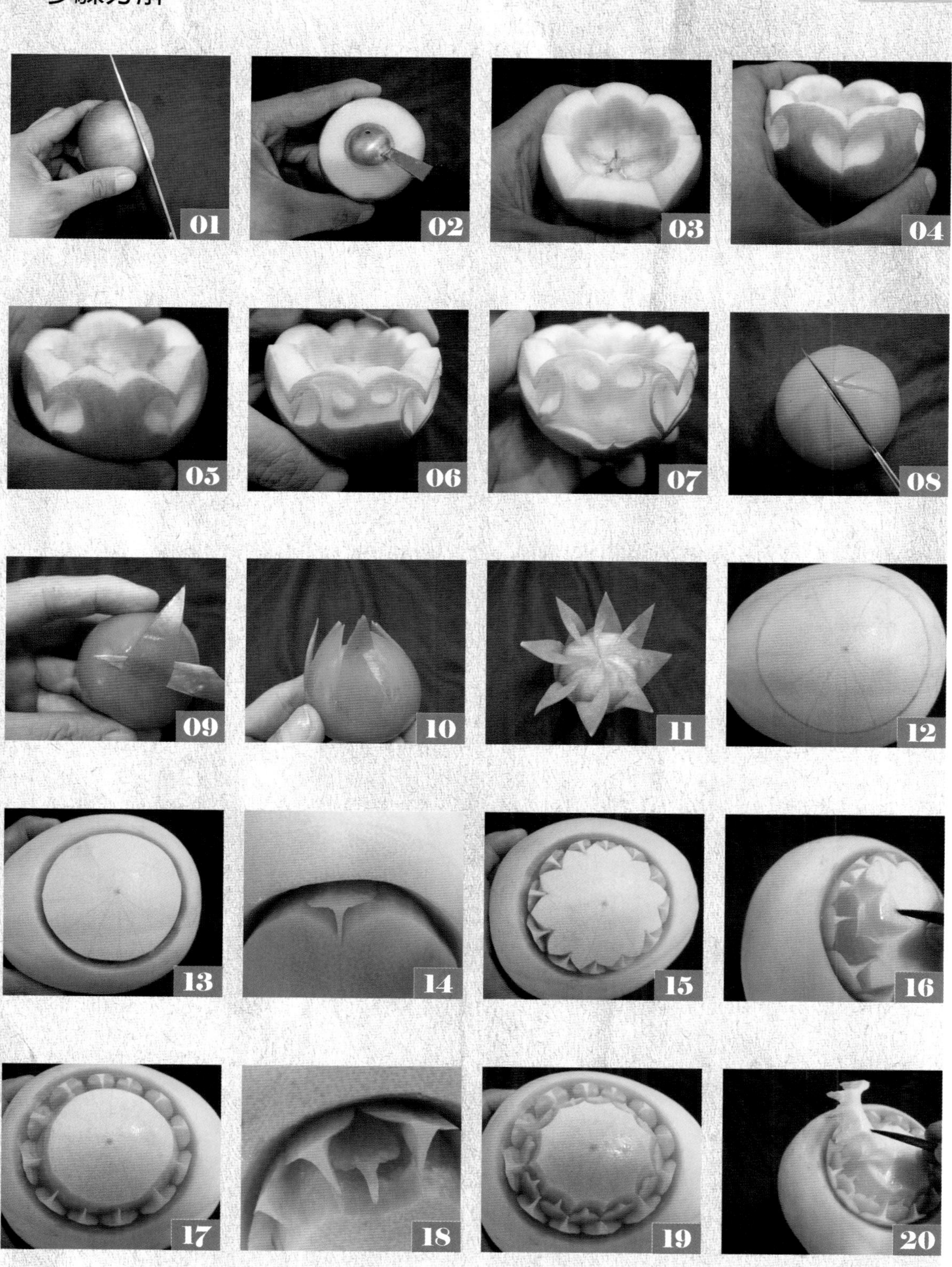

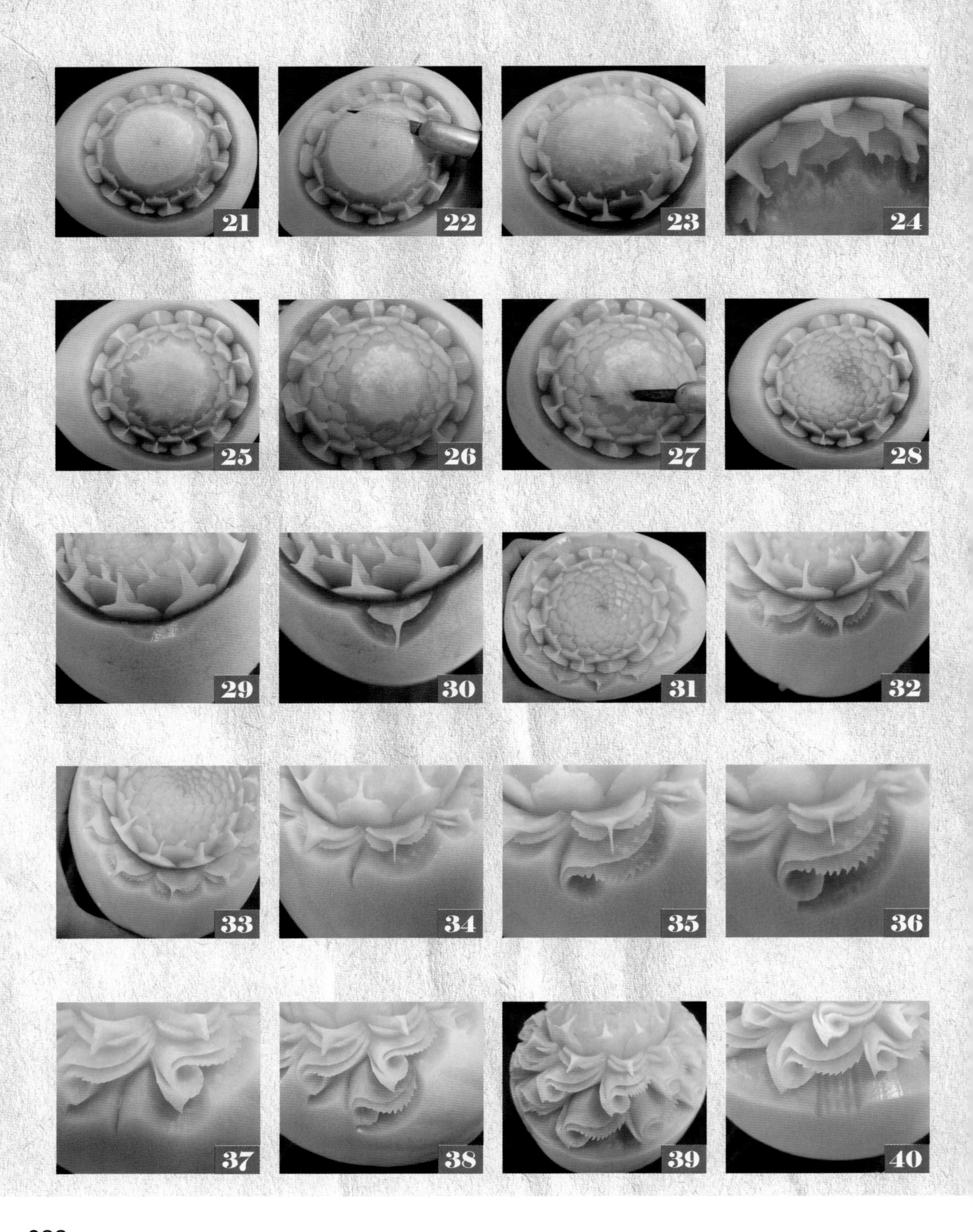
21
22
23
24
25
26
27
28
29
30
31
32
33
34
35
36
37
38
39
40

NO.11

思念

▼步驟分解

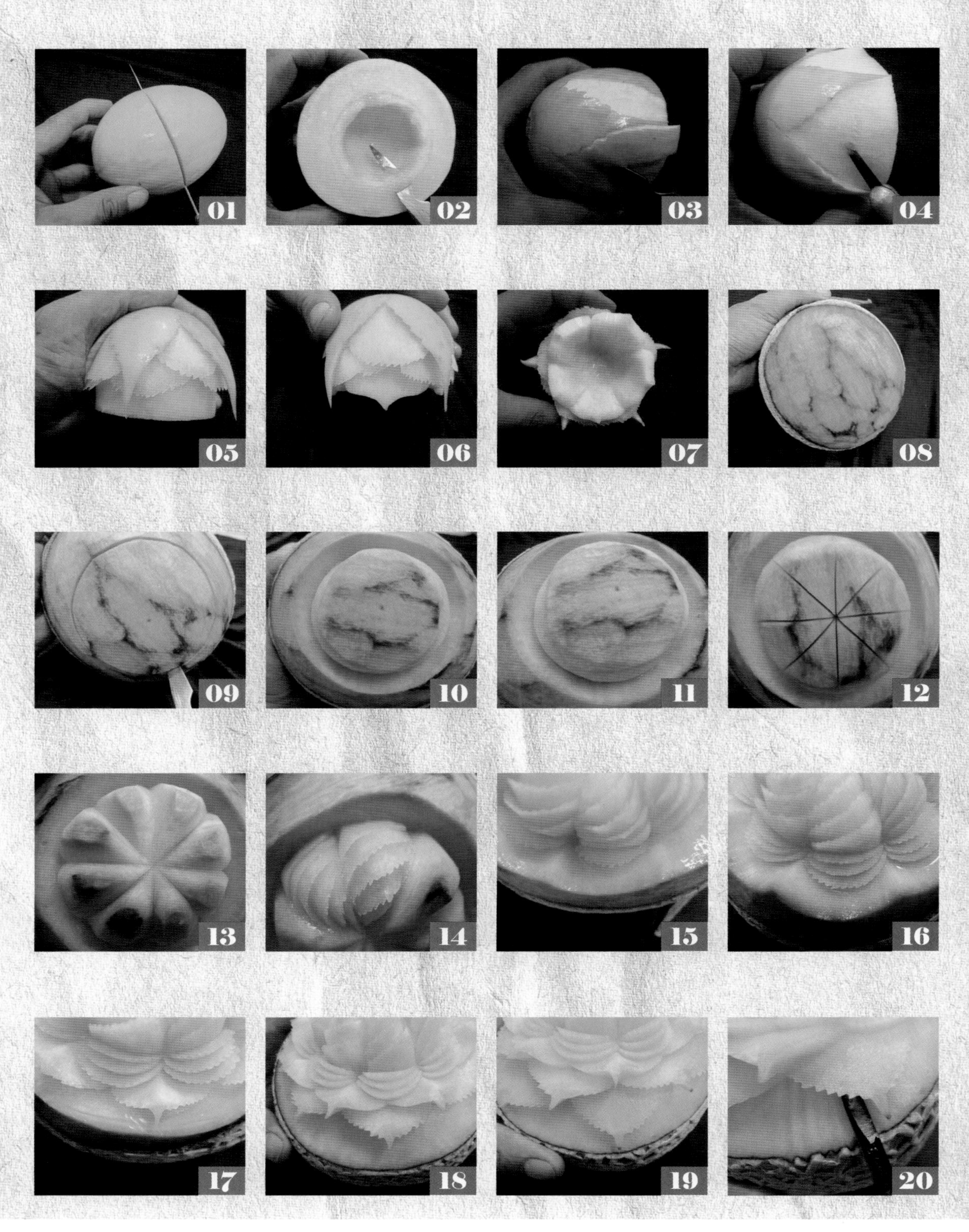

NO.12

祝壽

步驟分解

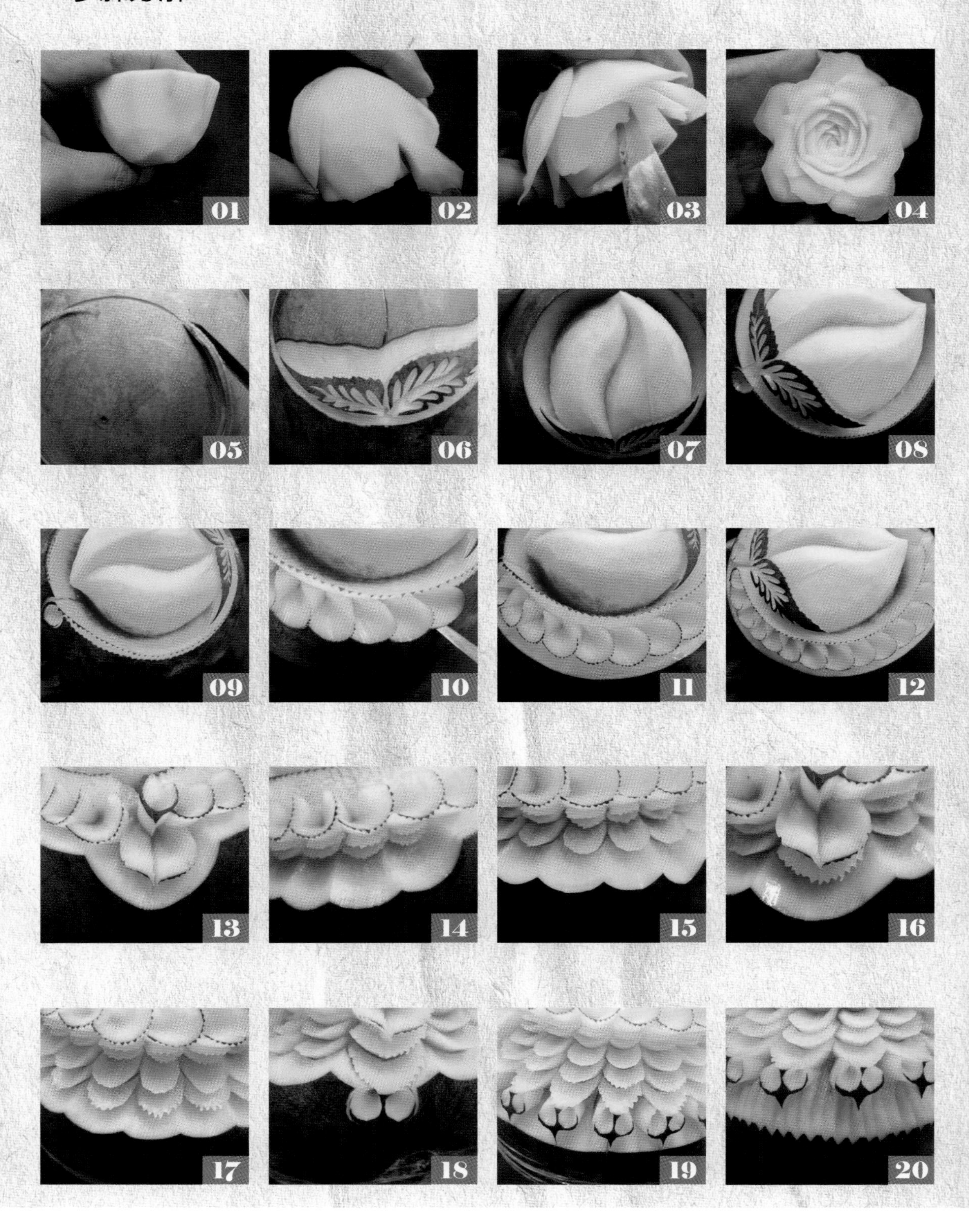

NO.13

火紅

▼步驟分解

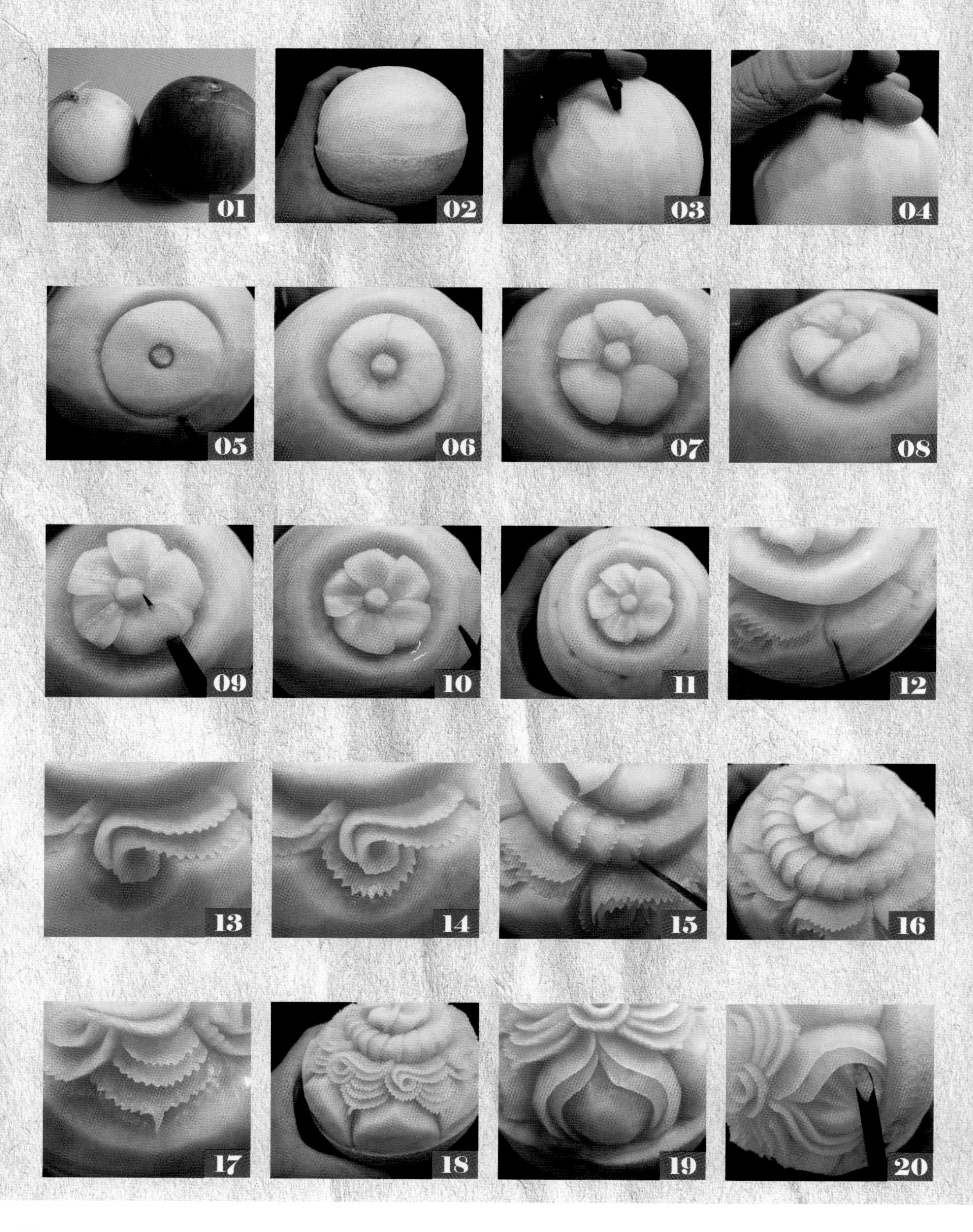

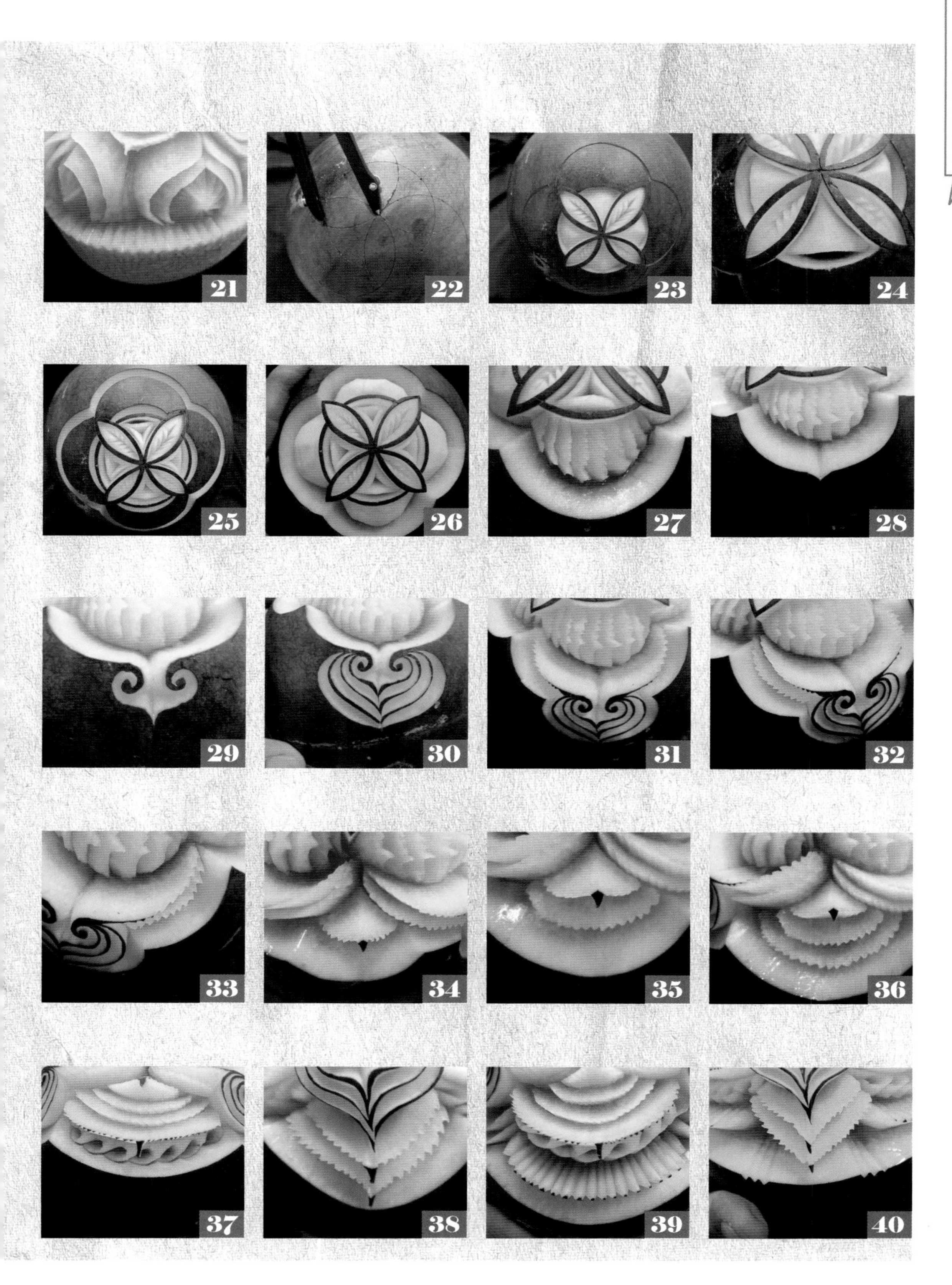
21
22
23
24
25
26
27
28
29
30
31
32
33
34
35
36
37
38
39
40

NO.14

報喜

▼步驟分解

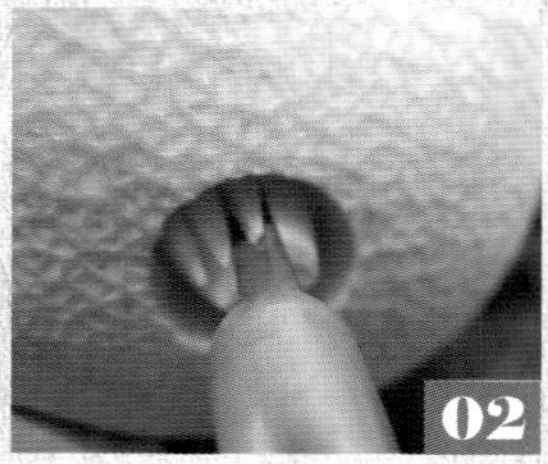

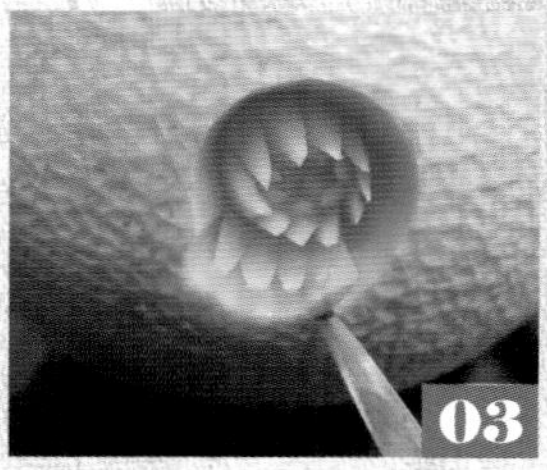

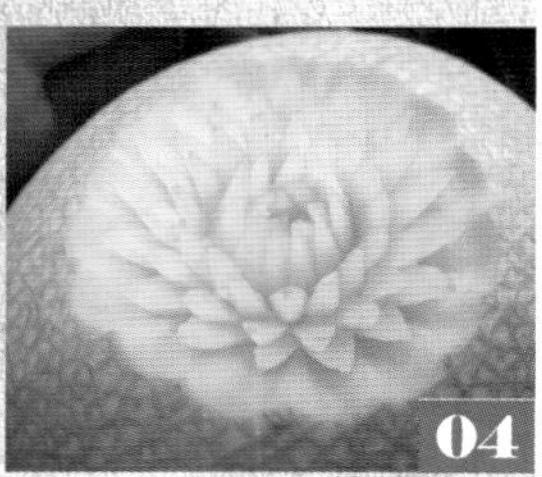

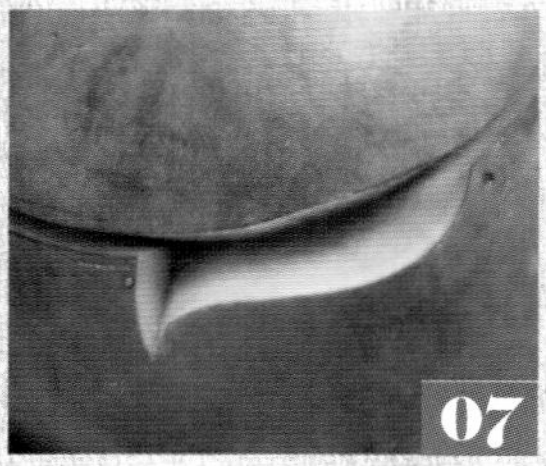

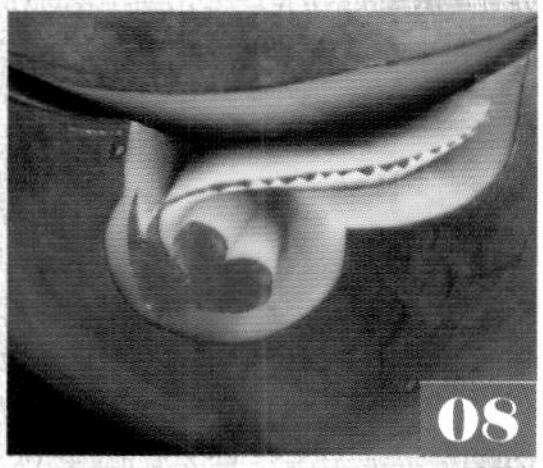

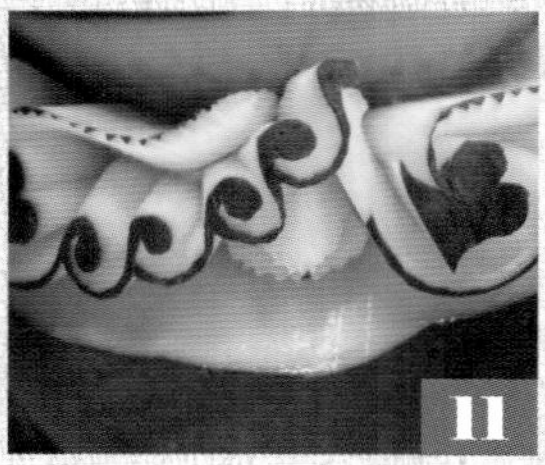

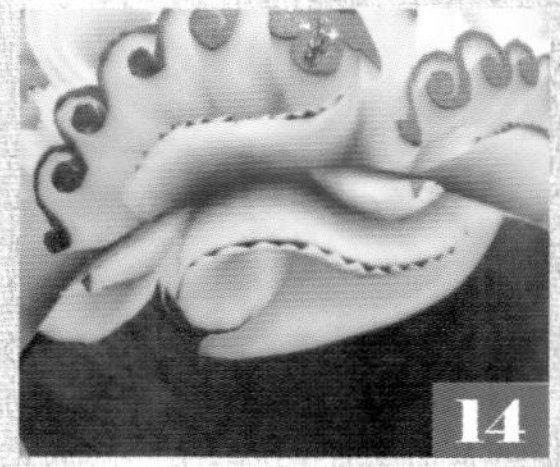

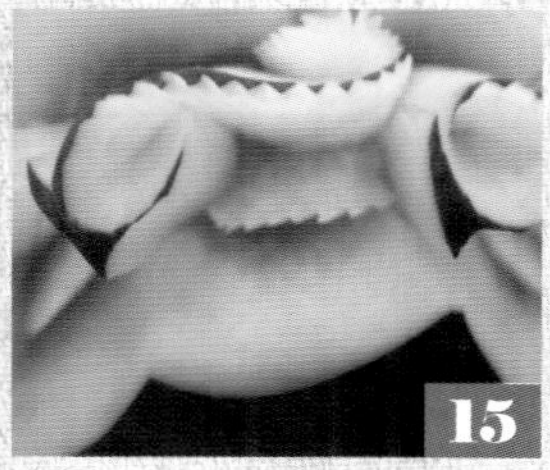

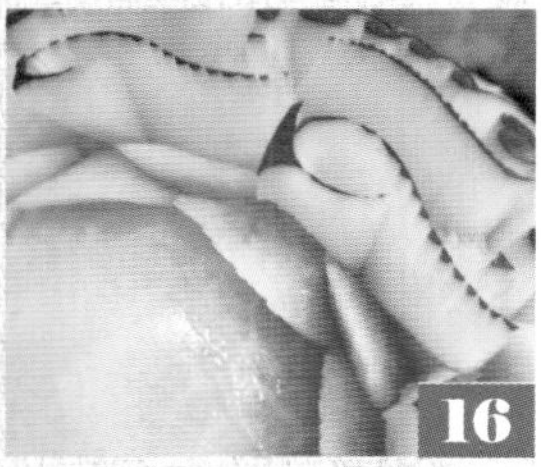

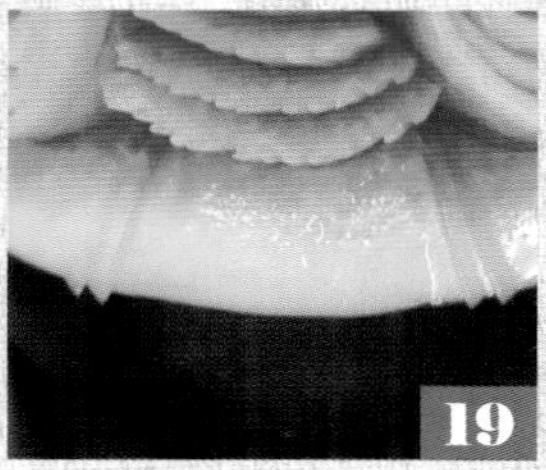

01 02 03 04

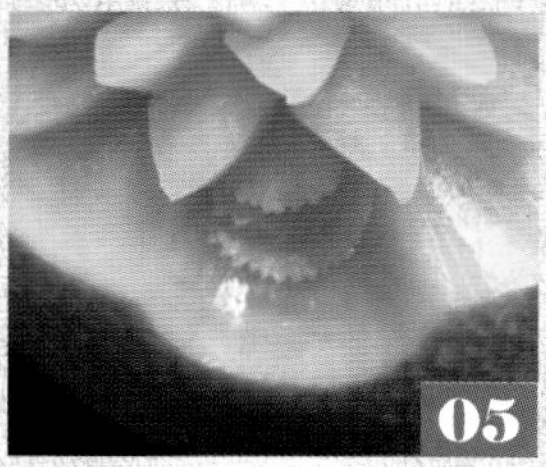

05 06 07 08

09 10 11 12

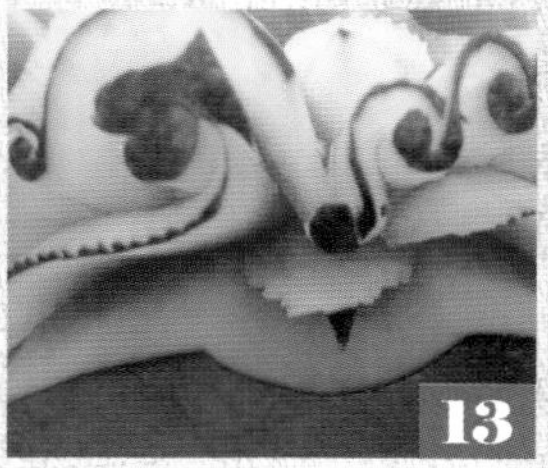

13 14 15 16

17 18 19 20

MEMO

文藝創作欣賞

▶香皂雕刻

紅喜

藍海

黃菊

綠野

粉艷

米香

精緻創作
作品欣賞

得獎作品

金陵天下

齊天大聖

福袋彌勒佛

火焰麒麟

鷹眼
鷹眼

雅緻果雕藝術
柯明宗製作
琴聲

靜觀達摩

鯉魚躍龍門

文達摩

壽星

嫦娥

起鼓

Q版千里眼、順風耳

哨角響起

老仙

鍾馗夜巡

結　論

本書除主軸的應用教學外，還特別收錄了臺灣水果的雕刻技法以及文創藝術香皂雕刻欣賞，展現了多元的刀工創作素材，也是我在各項世界巡迴競賽上的獨特創作思維。

多元的雕刻技能學習內容，可提升自我競爭力與興趣，讓刀工藝術不再只是實務材料專屬的技術，只有不斷創新才是永續的概念。

自我評量解答

第三章

一、是非題

1.	2.	3.	4.	5.	6.	7.	8.	9.	10	11.	12.
O	X	O	X	O	X	O	O	O	O	X	O

二、選擇題

1.	2.	3.	4.	5.	6.	7.	8.	9.	10	11.	12.
2	2	4	2	1	1	3	4	1	1	2	2

第四章

一、是非題

1.	2.	3.	4.	5.	6.	7.	8.	9.	10	11.	12.
X	O	X	O	X	X	O	O	X	X	O	X

二、選擇題

1.	2.	3.	4.	5.	6.	7.	8.	9.	10	11.	12.
1	1	1	3	1	2	3	4	4	3	3	1

MEMO

國家圖書館出版品預行編目資料

金牌達人蔬果雕刻藝術／柯明宗著. 一一初版. 一一臺北市：五南，2020.08
面； 公分
ISBN 978-986-522-117-1（平裝）

1.蔬果雕切

427.32 109009258

OL71

金牌達人蔬果雕刻藝術

作　　者 — 柯明宗
發 行 人 — 楊榮川
總 經 理 — 楊士清
總 編 輯 — 楊秀麗
主　　編 — 李貴年
責任編輯 — 何富珊、何孟勳
出 版 者 — 五南圖書出版股份有限公司
地　　址：106台北市大安區和平東路二段339號4樓
電　　話：(02)2705-5066　　傳　　真：(02)2706-6100
網　　址：http://www.wunan.com.tw
電子郵件：wunan@wunan.com.tw
劃撥帳號：01068953
戶　　名：五南圖書出版股份有限公司
法律顧問　林勝安律師事務所　林勝安律師
出版日期　2020年8月初版一刷
定　　價　新臺幣330元